U0453721

重庆市职业教育学会规划教材/职业教育传媒艺术类专业新形态教材

产品手绘表现

CHANPING SHOUHUI BIANXIAN

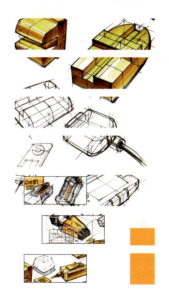

主　编　张　帆

副主编　郭　懿

重庆大学出版社

图书在版编目（CIP）数据

产品手绘表现 / 张帆主编. --重庆：重庆大学出
版社，2024.1
职业教育传媒艺术类专业新形态教材
ISBN 978-7-5689-3559-3

Ⅰ.①产… Ⅱ.①张… Ⅲ.①产品设计—绘画技法—
职业教育—教材 Ⅳ.①TB472

中国版本图书馆CIP数据核字（2022）第242050号

重庆市职业教育学会规划教材
职业教育传媒艺术类专业新形态教材
产品手绘表现
CHANPIN SHOUHUI BIAOXIAN

主　　编：张　帆
副 主 编：郭　懿
策划编辑：席远航　周　晓　蹇　佳
责任编辑：席远航　　　　装帧设计：品木文化
责任校对：谢　芳　　责任印制：赵　晟

....

重庆大学出版社出版发行
出版人：陈晓阳
社　　址：重庆市沙坪坝区大学城西路21号
邮　　编：401331
电　　话：（023）88617190　88617185（中小学）
传　　真：（023）88617186　88617166
网　　址：http://www.cqup.com.cn
邮　　箱：fxk@cqup.com.cn（营销中心）
全国新华书店经销
印刷：重庆高迪彩色印刷有限公司

....

开本：787mm×1092mm　1/16　印张：9.5　字数：183千
2024年1月第1版　　2024年1月第1次印刷
印数：1—2 000
ISBN 978-7-5689-3559-3　定价：49.00元

....

本书如有印刷、装订等质量问题，本社负责调换
版权所有，请勿擅自翻印和用本书
制作各类出版物及配套用书，违者必究

前 言
FOREWORD

"产品手绘表现"是中等、高等职业院校工业设计、产品设计、首饰设计等相关专业实践性很强的一门必修课程。产品手绘表现是设计师最常用的专业语言之一,是设计师必备的专业能力和素质,也是设计师创造能力的重要体现。本课程的学习任务是让学生学会使用相关工具绘制产品设计图,实现快速、形象地表达设计构想,交流设计信息,完成设计方案。

本教材由行业专家、企业一线设计师、骨干教师联合编写,以"岗课赛证"融合为人才培养目标,校企双元合作项目案例为编写内容,运用纸质教材+动画+线上操作视频+线上交互练习+线上答疑等多种教学形式,特别是前期建设的市级资源库课程"效果图技法""产品设计基础""计算机三维造型"等为本教材编写提供了有力的基础条件。

本教材有以下特点:

①创新性地融入机械制图、三维计算机建模内容。提高学生识图、绘图的能力,提高学生的快速表现能力,用建模的思路帮助学习者快速准确地表现产品形态,突出工业设计专业学习内容的延展性、联系性。

②在任务和模块设计中融入中国传统文化元素,把课程的专业性和文化的传承性有机结合。

③注重教材的思政内容设计,强调原创性、趣味性,注重工匠精神的培养。

本教材主要内容包括7个模块及4个任务。

模块1是对产品手绘的再认识和工具。

模块2、3是产品手绘基础练习和形体塑造。

模块4、5是马克笔和色粉表现及材质的表达。

模块6是产品快题设计与设计竞赛。

模块7是汽车造型设计师教授手绘屏相关课程。

4个任务从企业项目到手绘考研、设计比赛、技能大赛等，由简单到复杂，循序渐进。同时，为了完成这些任务推荐学习书中的相关模块。

通过课程的讲授和训练，要求实现以下学习目的：

①让零基础学生学会线条的表现与透视运用。

②掌握识图、绘图基本技巧，掌握形体空间结构，学会三维造型转换与表现。

③掌握明暗原理与材质技巧表达。根据三视图，学会使用工具快速表达。

④学会马克笔运用与色粉笔的快速表达。

⑤学会绘制产品快题设计与版面表达。

⑥依据手绘比赛和国家技能大赛规则和流程，学会使用工具表达创意构思。

⑦学会使用手绘屏绘制产品设计图，掌握十档软件Sketchbook或Photoshop。

⑧学会底色高光技法，协助快速表达创意。

本教材旨在培养学生的专业技能，同时引导学生理解和实践社会主义核心价值观。教材深入贯彻了党的二十大精神和习近平总书记关于职业教育的系列重要论述。本教材坚持"以人民为中心"的发展理念，强调将理论知识与实践技能相结合，培育具有创新能力和社会责任感的高素质技能人才。通过本书的学习，我们期待学生能够在专业领域大放异彩，为实现中华民族伟大复兴贡献自己的力量。

编　者

2023年12月

目 录
CONTENTS

参考文献

导　读
GUIDE

0.1　课程内容

■零基础学员快速上手，掌握线条与透视；

■理解形体空间结构，学会三维造型转换与表现；

■掌握明暗原理与材质表达技巧；

■学会马克笔运用与色粉表达；

■全面的产品快题设计与版面表达；

■企业设计师手把手教你数字手绘；

■学好底色高光技法，助你快速表达创意。

0.2　课程对象

本教材重点定位绘画知识零基础和理工类专业学员，以及设计类专业考研学生，一切从他们的需求出发。注重知识点分解，尽可能用"大白话"表达得通俗易懂。各层次受众人群可以像超市选货一样，根据导师、行业专家、往期学员的大数据案例推荐，进行菜单点菜式的自主选择学习，如图 0-1 所示。

0.3　教材特点

编者上此课程 10 余年。很多绘画知识零基础和理工类学生未接触过此类课程，不知如何下手，明显自信心不够。本教材重点关照到这部分学生，书中知识点通俗易懂，层层递进。其次，对于准备报考工业设计相关专业的考研学生，书中有相关短期内提高徒手绘制、版式设计和快题技巧等内容。

本教材副主编为行业专家——Wacom 讲师、长安福特汽车造型设计师郭懿老师，有着丰富的实战经验，他可以手把手教学生掌握手绘屏使用技巧。同时，本教材也得到了重庆浪尖渝力公司设计总监刘凯先生的指导，也保证了教材的前沿性。

图 0-1　读者对象

　　本教材结合工业设计的岗位设置，以任务为驱动，循序渐进地连接相关模块；并且可以依据受众的个性需求，自由组合模块学习。教材加入很多小版块，比如，随机抽选两个同学同步作业秀，和大家一同学习一同成长，看得到自己的缺点和进步。再比如，敲黑板提示内容等。同时，引入企业项目案例、国家技能大赛样题，将项目内容和企业生产相挂钩，技能性和实训性相结合。同时又创新地融入机械制图、计算机三维设计、人机工程学等模块，突出工业设计专业学习内容的延展性、联系性。

学生在学习完本书内容后都有很大收获，以下列举部分学生的手绘效果图。杨成，重庆工业职业技术学院工业设计专业 2015 级 301 班学生，通过本书的学习，2020 年以优异成绩考入湖南科技大学攻读艺术设计专业硕士研究生学位。其手绘作品如图 0-2 所示。

图 0-2　杨成手绘作品

模块 1 | 产品手绘表现基础知识

码1-1

码1-2

码1-3

1.1　产品手绘表现再认识

让我们先来听一段音乐——安德烈·里欧乐队的《夜莺小夜曲》。

其实和音乐一样，人们通过手绘设计图相互之间可以进行交流。身处异国他乡时，不需要熟悉当地的语言，甚至不需要讲话，把图纸展示出来，别人就能明白你的意思；英文没有过级，不妨碍你欣赏外国歌曲。图纸也一样，因为它们之间是相通的……

手绘图是设计师思维的视觉化表现，也是设计师对实际问题提出的一种解决方案，能详尽地记录设计的构思过程，是一种纸上的思考方式……

产品设计往往需要一个团队共同完成。而产品手绘图，就是记录和汇报创作的一个重要手段，它能使客户了解创作的过程，知道设计师是如何构思、如何讨论、如何优化，并最终做出选择的……如图 1-1 所示。

图 1-1　手持式超声波洗衣器手绘效果图

1.1.1　手绘的目的是传达

　　手绘草图就是将一个产品的造型，用最"易懂"的方式表现出来。设计手绘的目的，是传达和交流创意。无论是在纸上手绘，还是使用电脑手绘，都是利用"工具"把头脑中的想法表达出来，方便与他人一起交流。所以，如何快速手绘，表达清楚，比画得好看、画得潇洒更有意义。大多数情况下，来自外界的专业人士，比如，客户经理或用户，他们需要看到设计的其他方面，而不是绘图的华丽技巧，他们只是希望看到一张清晰的、关于该产品在日常生活中如何使用的图像，这才是设计手绘的真正目的，如图 1-2 所示。

1.1.2　电脑渲图与手绘

　　我们知道，用计算机绘图，比例准确，效果逼真，那么，手绘这门艺术，是不是就应该退出历史舞台了呢？当你随便走进一家设计工作室，你就会发现，情况并非如此，设计师依然忙碌在传统的纸笔之间，徒手绘制产品草图和效果图。那是因为手绘草图和效果图是设计决策中不可缺少的部分，存在于设计过程的早期阶段、头脑风暴阶段、探讨和推敲概念阶段以及最终的设计演示阶段。绘画比单纯的口头解释更容易让人理解，是一种直观而高效的沟通方式。设计师正是运用了这种可视化的方式才能与工程师、模型制作师有效沟通，或者与客户、项目经理和办公机构人员进行交流。也正因为如此，在这个电脑技术越

图 1-2　手绘图的目的是传达信息

来越发达的时代，手绘依然是设计师表达个人创意、与他人沟通最直接和最方便的手段之一。另外，设计师有了想法快速地画出草图，不但节省了时间，而且这些草图又能让设计师再受启发，产生新的设计灵感。而电脑渲染图，却只能在所有设计都敲定后，仅仅输出一个不可更改的结果。

电脑效果图和徒手绘图是设计表现图的两大形式，各有特点和长处，但它们的最终目的都是为设计表达服务的。在如今的设计方案过程中，这两种方法可以结合使用。设计初步阶段方案处于初级阶段，可以用手工绘图快速完成，作为设计灵感的记录和交流；后期运用电脑渲染制图，可以进行精密绘制，两者不是对立的，而是完全可以相融互补的，如图1-3所示。

1.1.3　培养良好的学习能力

产品手绘表现，就是快速而准确地把头脑中构思的三维产品形象清晰地表现出来（图1-4至图1-6）。所以，学习手绘表现要求具备以下几点：

（1）基本的绘画透视基础知识。

（2）一定的空间想象力。

（3）掌握正确的手绘表现方法。

图1-3　计算机三维渲染图

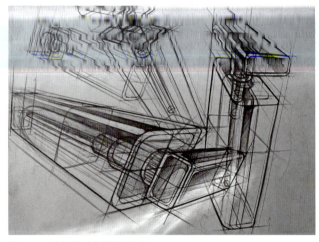

图1-4　良好的空间想象能力

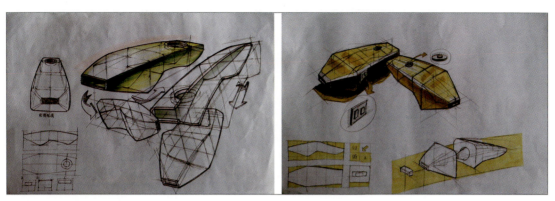

图 1-5　学生作业（组图）

图 1-6　张帆手绘作品（组图）

码1-4

码1-5

1.2　产品手绘设计图的分类

　　在产品设计流程中，每个阶段都会运用到不同种类的设计表现图。各类产品手绘设计表现图大致分为：构思性草图、汇报交流性设计图、表现结构性设计图、投标效果图。

1.2.1　构思性草图

　　一个有价值的构想稍纵即逝。设计师必须快速捕捉大脑中的构想，草图就是快速表达这种构想的手段。同时，草图也是收集资料、获得设计灵感、完善设计构思的重要手段，如图 1-7 所示。

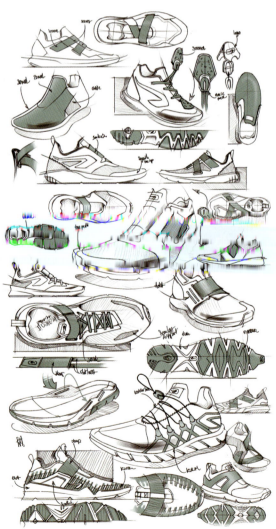

图 1-7　记录构思

1.2.2　汇报交流性设计图

汇报交流性设计图主要是对选定的草图方案进一步优化。对于这种图可以简单用色，绘制不同视角，这有利于快速修改、完善造型、优化方案。通过交流性设计图这种"语言形式"，设计师可以方便快捷、准确地和同行、工程师、企业家和消费者在各方面进行便捷交流，快速解决问题，如图1-8、图1-9所示。

图 1-8　优化方案、推敲完善造型

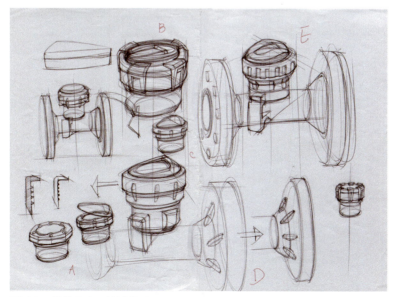

图 1-9　优化方案、快速修改

1.2.3　表现结构性设计图

　　表现结构性设计图主要是表现产品的特征和组合结构。在产品结构设计阶段，需要确定所有的细节问题，比如，产品的尺寸、侧面图、爆炸图、透视图、局部与整体的关系、两个部件之间的连接方式等，都要求表现明确、结构清晰，如图 1-10、图 1-11 所示。

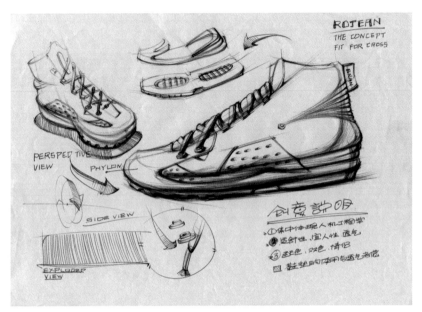

图 1-10　描绘细节

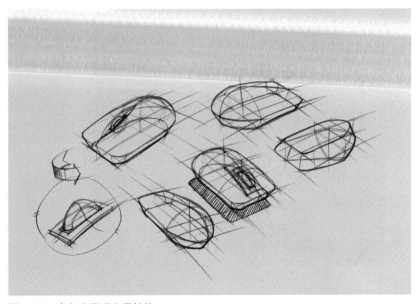

图 1-11　多角度展现产品结构

1.2.4　投标效果图

投标效果图用于方案筛选、决策、定稿。这种图须看起来非常精致，而且还要包含相关的设计说明，必须能够吸引人、打动人，如图 1-12—图 1-14 所示。

因此，在绘制设计图时，一定要注意它是在哪个阶段使用，要阐述和表现设计的哪方

图 1-12　创意效果图

图 1-13　展示效果图

图 1-14　细节展示

面特征，或者哪些部门会用到它，这将决定设计师应该侧重于快速表现，还是将细节展现出来。

码1-6

码1-7

模块小结

本模块主要介绍了产品手绘表现图的一些基础知识，以及笔者对手绘设计图表现本质的认识，以帮助初学者特别是零基础的同学提高认知，帮助他们打消一些疑虑，少走弯路，树立信心。同时，探讨产品手绘设计图的分类，帮助我们更清晰地明确学习目标。

1.3　产品手绘工具与材料

1.3.1　产品手绘表现工具及特点

很多朋友已经开始手绘了，却连手绘工具都没有弄清楚。还有的同学画了很长时间，还是找不到适合自己的得力工具。通过本节的学习，将有助于学生尽快熟悉和选购适合自己的专业手绘工具。同时，有助于初学者了解这些手绘工具的表现方法，扬长避短，恰当地使用适合自己的专业工具。

先带大家认识一些工业设计专业常用的手绘工具和材料，因为选到正确合适的手绘工具，确实能帮助初学者节省不少时间与精力。图 1-15 为笔者常用的手绘工具。

图 1-15　常用手绘工具

产品手绘工具主要分为三大类：笔、纸、其他辅助工具。

1）笔

笔主要分为线稿用笔和上色用笔。线稿用笔常用的有彩铅、针管笔、圆珠笔。

（1）彩铅

彩铅有水溶性和油性之分。水溶性彩铅的色彩比较鲜艳，而且很容易上色，但是，透明度比较低。油性彩铅的颜色虽然比较淡，但是透明度比较高；水溶性彩铅溶于水，油性彩铅却不溶于水；水溶性彩铅在画完后，用水将彩铅的颜色进行混合后可以进行二次作画；油性彩铅类似蜡笔和油画棒的效果。常用品牌有辉柏嘉、霹雳马、马可，如图 1-16 所示。

图 1-16　彩铅

小贴士

水溶性 499 黑色彩铅笔芯较软，颜色稍深；油性 399 黑色彩铅笔芯较硬，颜色浅一些。与马克笔结合时，水溶性 499 黑色彩铅易脏。

（2）针管笔

同一支针管笔无法绘制出不同粗细变化的线条，所以一般会通过几种不同粗细的笔号来区分产品上面不同的线型。0.7 ～ 1 规格的笔头下墨水流畅，画出的画面对比强烈。但画完后很难修改，所以一般经验丰富的设计师会用针管笔进行手绘草图的绘制。常用品牌有樱花、三菱、施德楼，如图 1-17 所示。

小贴士

不必全买，推荐间隔型号买 3 ～ 4 支即可，比如，0.2、0.5、0.7、1 四个型号完全够用了。

图 1-17　针管笔（组图）

（3）圆珠笔

圆珠笔绘制的时候与铅笔手感会有些相似，能够区分出线条的轻重粗细，用笔流畅光滑，能很好地表达出产品的形态。但是，圆珠笔不具备彩铅的可修改性，圆珠笔使用不当画面容易脏，线条容易乱，因此适合有一定手绘基础的同学使用。常用品牌有施德楼、施耐德，如图 1-18 所示。

图 1-18　圆珠笔（组图）

上色用笔主要有马克笔、色粉、彩铅等。

（4）马克笔

马克笔已经作为当前设计与绘画表现的主打产品，一种被推上了的手绘工具，具有方便、快捷、便于携带等优点。

按笔头分：①纤维型笔头。笔触硬朗、犀利，色彩均匀，高档笔头设计为多面，随着笔头的转动能画出不同宽度的笔触。适合空间体块的塑造，多用于建筑设计、室内设计、工业设计、产品造型设计的手绘表达。纤维头分普通头和高密度头两种，区别就是书写分叉和不分叉。②发泡型笔头。发泡型笔头更宽，笔触柔和，色彩饱满，画出的色彩有颗粒状的质感，适合景观、水体、人物等软质景、物的表达，多用于景观、园林、服装、动漫等专业手绘表现。

按墨水分：油性马克笔、酒精性马克笔、水性马克笔。马克笔的颜料具有易挥发性，用完应及时盖笔帽。以上如图 1-19 所示。马克笔的使用方法与技巧请参考 4.1 马克笔的表现方法。

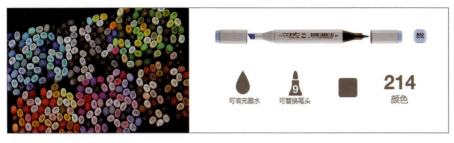

图 1-19　马克笔（组图）

马克笔的颜色分为灰色系列和彩色系列。选择的时候需要注意：

灰色系列。该系列分为冷灰和暖灰，可以根据颜色的编号间隔购买，以法卡勒为例，暖灰系列可以购买 252、253、254、256、258 号。冷灰系列，可以购买 268、270、272、274 号。再加上纯黑 191 号，就可以构成一个明暗系列。

小贴士

相较一代马克笔，二代马克笔笔头更宽，墨更少，能很直观地感受到消耗得更快，三代马克笔把尖头换成了软头，墨水少了 0.3 g，而且三代马克笔两侧的笔帽都是方的，不好辨别。但是，三代马克笔有 480 种颜色。三者的墨水用起来区别不大。综合起来还是一代马克笔最实用。

彩色系列。彩色系列马克笔可以选择红、黄、青、绿等常用颜色，再根据颜色的明度，选择明度更高的一两支马克笔，选择明度更低的一两支马克笔，这样就可以保证同一个色系有四五支明度不同的颜色。

小贴士

用自己所有的马克笔做张色卡，如图 1-20 所示，最好做成这种带有渐变的色卡，帮助我们快速找到需要的色号，从而提高绘图效率。图 1-20（左）为法卡勒暖灰系列、冷灰系列、红色系列。

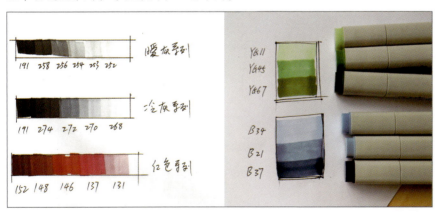

图 1-20　推荐马克笔色号（组图）

（5）色粉笔

色粉笔表现力强，它最宜表现变幻细腻的物体，色粉笔的携带和使用都很方便。常用品牌有辉柏嘉、马利、樱花、施德楼、伦勃朗等，如图1-21所示。色粉笔的使用方法与技巧请参考5.2色粉的表现方法。

图1-21 色粉

2）纸

常用的纸有复印纸、马克笔专用纸、色卡纸等。

（1）复印纸

平时练习用复印纸，产品手绘练习一般用A4、A3两种规格，常用70 g/m²、80 g/m²这两种克重的，常用品牌有得力、悠米。推荐使用80 g/m² A3幅面纸张，如图1-22所示。

图1-22 复印纸的使用效果

（2）马克笔专用纸

马克笔专用纸比普通纸质感更光滑，适合绘制线稿、色稿，非常适合于马克笔和彩铅的联合使用。常用尺寸有 A4、A3 规格，一般有 70 g/m^2、80 g/m^2、120 g/m^2 克重的。如图 1-23 所示。

图 1-23　某品牌马克笔专用纸

（3）有色纸

为了特定效果或者满足特殊要求，会用到有色纸或特殊纸。如牛皮纸、有色卡纸等，克重一般在 120 ~ 230 g/m^2，画底色高光技法常常用到这种纸张，如图 1-24 所示。

图 1-24　有色纸及使用效果

3）其他辅助工具

产品手绘的其他辅助工具主要有白色彩铅、高光笔、尺规等。一般手绘图马克笔上完色后还需要进一步细化与修饰，有的地方需要添加细节、光影；强调结构、高光等，就会用到这些辅助工具。

（1）高光笔

高光笔用于产品高光的表现，也可用于环境中水面、玻璃质感的表现，没有高光笔可以用修正液代替，甚至也可以用勾线笔加白色水粉来代替，如图 1-25 所示。

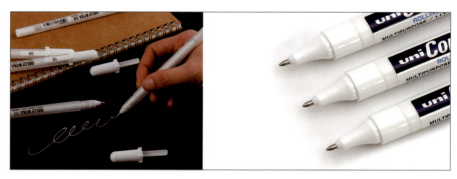

图 1-25　高光笔及使用效果（组图）

（2）白色彩铅

在添加高光时常用白色彩铅，特别是表现长线条时更适合用白色彩铅，一般和高光笔配合使用。如图 1-26 所示。

PC938-白色
PC935-黑色

图 1-26　白色彩铅

（3）尺规

在绘制产品手绘图时，往往需要借助尺规进行线条的矫正，以便画出更加流畅的线条。常用的尺规有直尺、椭圆板、曲线板、蛇尺等，如图 1-27 所示。

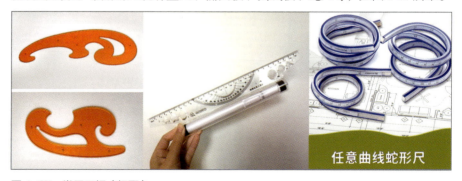

任意曲线蛇形尺

图 1-27　常用尺规（组图）

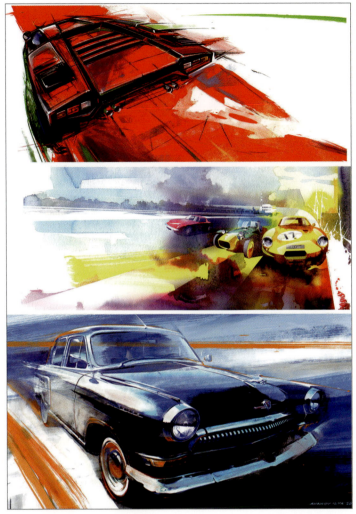

图 1-28　效果图表现（组图）

　　绘制手绘表现图不主张过多地使用尺规，但在绘制主产品效果图或者精准细节时，可以借助尺规获得更准确的透视和形体造型，示例效果图如图 1-28所示。

1.3.2　产品手绘表现形式

　　工业产品设计手绘，在我国已经经历了好几种表现形式的转型，有些技法也已经退出历史舞台，比较常用的表现形式有下面这几种：墨稿表现、水粉（水彩）表现、彩铅表现、马克笔表现等。

码1-8

1）墨稿表现

　　我们在绘制草图、练习稿、设计图前，都要先进行墨稿的绘制。墨稿本身也是可以欣赏的作品。墨稿要用到的工具也比较多，可以使用铅笔、圆珠笔、

码1-9

针管笔还有马克笔。绘制比较正式的效果图时，笔者还是推荐大家使用彩铅和针管笔，如图1-29所示。

（1）铅笔墨稿表现

产品设计手绘图一般很少用铅笔绘制，它的缺点是反光比较严重，如图1-30所示。

（2）彩铅墨稿表现

彩铅绘制线条光滑流畅，现在已经是绘制墨稿的主流工具。利用彩铅可以深入绘制墨稿，还可以用橡皮修改，如图1-31所示。

（3）炭笔墨稿表现

炭笔绘制产品图颗粒大且粗糙，不太常用，不推荐，如图1-32所示。

（4）圆珠笔墨稿表现

圆珠笔比较润滑，线条流畅，只要掌握好握笔的力量就可以像彩铅一样画调子。但是，和针管笔一样，一旦画到纸上，就不易修改，所以下笔前，一定要想好产品绘制的思路，把握好绘制的进程，如图1-33所示。

图1-29 墨稿

图1-30 铅笔绘制产品设计图

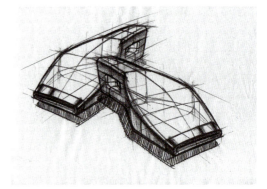

图1-31 彩铅绘制效果

（5）马克笔表现

马克笔因为携带方便，上色后速干，容易上手，特别适合设计阶段的快速表现，是我们现在最重要、最常用的表现工具，也是这门课重点要学习的表现工具，如图 1-34 所示。

（6）针管笔表现

针管笔笔迹鲜明，方便携带，深受大家喜爱。缺点是下笔后无法修改，初学者不易掌握。如图 1-35 所示。

2）喷笔表现

20 世纪 80 年代到 90 年代，大部分设计院校还采用喷笔技法绘制工业产品效果图，这种技法需要相当扎实的绘画功底，它可以表现出精致、细腻的画面，完成的作品可以达到照片级的展示效果。缺点是绘制的时间较长。随着手绘工具的更新，目前，在手绘领域这种技法已经很少看到，如图 1-36 所示。

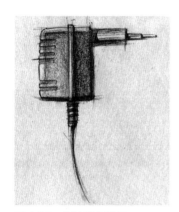

图 1-32　炭笔绘制效果

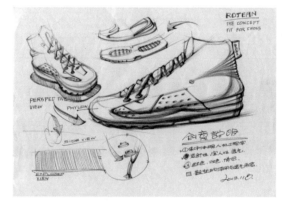

图 1-33　圆珠笔绘制效果

图 1-34　单色马克笔绘制效果

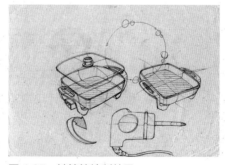

图 1-35　针管笔绘制效果

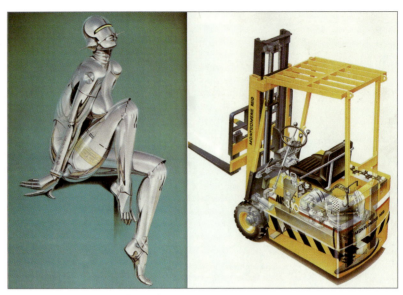

图 1-36　喷笔绘制效果（组图）

3）水粉类颜料表现

为便于理解，笔者在此将需加水调制的颜料归类为水粉类，常见的水粉类颜料有水粉、水彩、透明水色等。

（1）水粉表现

使用水粉表现时，宜采用大一点的笔刷，尤其是在表现背景以及比较大画幅的情况下，有很好的表现效果，如图 1-37 所示。

（2）水彩表现

优点：颜色淡雅轻快，层次分明，适宜表现变化丰富的空间环境。缺点：画面明度变化范围小，控制不好容易使画面显得很脏，如图 1-38 所示。

图 1-37　水粉绘制效果

图 1-38　水彩绘制效果

（3）透明水色表现

透明水色色彩明快鲜艳，含粉质少，比水彩颜料更透明，适合快速表现时铺底色。缺点：色彩过浓时不易修改，最好与其他方法混合使用，比如，钢笔淡彩。目前，水粉、水彩和透明水色因为绘制不便捷，也不太常用了，如图1-39所示。

4）彩铅表现

彩铅因为具有铅笔的特征，画错了还可以擦掉，很受同学们的欢迎，但是，彩铅整体表现效果过于淡雅，和马克笔结合使用时，容易画脏，如图1-40所示。

图 1-39　透明水色绘制效果

图 1-40　彩铅绘制效果

5）色粉表现

　　色粉的特点是颗粒细，色彩较为柔和，层次变化丰富，多用于表现细腻的色彩过渡变化。比如，在汽车效果图表现中，经常用来表现大曲面的效果，单独使用时画面颜色偏淡。一般和马克笔配合使用，效果更好，如图 1-41 所示。

图 1-41　色粉绘制效果

模块小结

　　本模块主要介绍绘制产品手绘设计图的专业工具及工具特点，帮助同学们快速找到合适的工具。同时，介绍了使用这些工具的表现方法，书稿图文并茂，便于同学们加深对产品手绘设计图的认识和理解。

模块 2 ｜产品手绘基础练习

2.1 线体的练习

码2-1

2.1.1 关于线条

注重用线造型是人类最初描绘视觉艺术最基本的手段。从早期的岩画，到后来马王堆出土的帛画，线条都是最基本、最直接且最重要的造型方法。徒手把头脑中的想法迅速、准确、优美地画出来，是每个设计师应具备的技能。有人认为画图是为了增强自己的手头表现能力，会把它列入"练手"的范畴，这种认识有一定的局限性，实际上，设计草图不仅可以练我们的手，还可以练我们的眼和脑。

很多新生，特别是零基础的学生，进行"第一次手绘"是困难的，经常会出现绘画线条僵硬、畏惧画面、缺乏自信的情况。图2-1就是刚刚入学零基础的学生第一节课画的手绘作业，可以看出线条比较犹豫、生硬，线条的组织反映出对产品的结构认识不足。图2-2是老师的速写范画，线条就要肯定和流畅很多。

图2-1 学生第一次手绘（组图）

图2-2 教师课堂速写

　　流畅准确的线条也可以通过系统的练习得到快速提高。初学者首先应掌握三个要点:

　　①线条表现要轻松流畅。不反复去描线,没有画准确的地方重新画线去弥补,保持线条的流畅性。线条不可画得太死板。

　　②避免线条粗糙。起笔落笔不能犹豫,切记不要从结构面中间开始去描,造成画面凌乱、线条粗糙。粗糙的线条不适合表现产品类设计图。

　　③结构点连接准确。结构点应一次画到位,多用长线条绘制,在关键的轮廓线和结构交接部位不要断开,可以画得超出结构点。如图2-3所示。

　　对于初学者而言,正确的坐姿可以确保更快地掌握绘图要领。首先,绘图板平放于桌面是不利于绘图的,绘图板应该与视线呈90°垂直,这样放置便于手臂运动。其次,握笔点不能太靠笔尖,否则会阻挡视线,如图2-4所示。

　　握笔时,笔杆和纸面成45°左右夹角,如图2-5所示。

码2-2

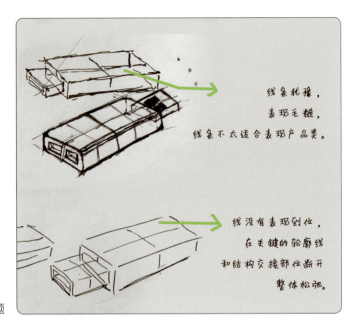

线条犹豫，
表现毛糙，
线条不太适合表现产品类。

线没有表现到位，
在关键的轮廓线
和结构交接部位断开
整体松弛。

图 2-3　初学者易犯问题

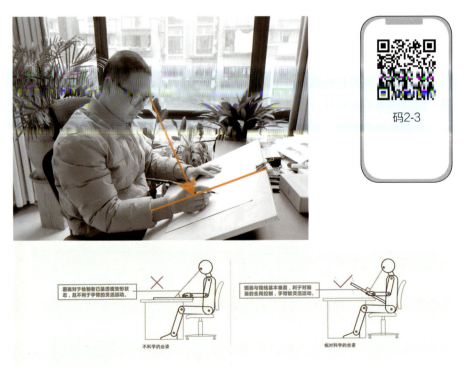

码2-3

图 2-4　正确的坐姿

图 2-5 正确的握笔姿势

2.1.2 直线绘制技巧

我们在绘制直线的时候，正确的做法是以肩关节为轴心向右侧"推出"一条直线。不应该以肘关节甚至以腕关节为轴心画直线，这样画出来的直线往往带有弧度，初学者更应该注意，如图 2-6 所示。

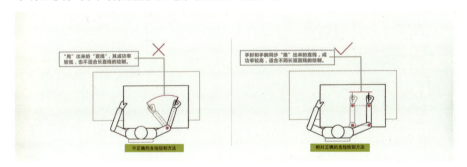

图 2-6 正确的绘制直线的技巧

码2-4

码2-5

码2-6

码2-7

码2-8

2.1.3 直线的练习

- 过两点绘制直线
- 两头轻的直线练习
- 头重尾轻的直线练习
- 直线的分割练习

2.1.4 曲线的练习（如图 2-7）

- 绘制曲线
- 过三个点平滑曲线的练习
- 透视曲线练习

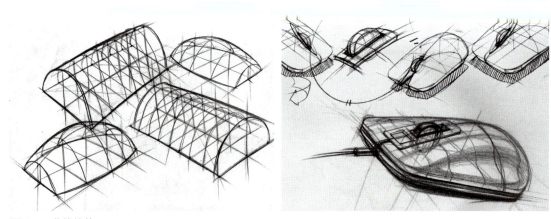

图 2-7 曲线的练习

2.1.5 辅助线的练习

手绘练习中，要有辅助线意识。可以借助辅助线做对比观察，辅助线意识就是对比参照的意识。结构辅助线可以辅助造型，因此，要尽可能地多画辅助线和结构线，以便于推敲结构、位置、透视。画辅助线用笔要轻一些，但要干脆利落，如图 2-8、图 2-9 所示。

一般使用辅助线有以下作用：

借助辅助线不仅有利于画出正确的造型，同时，也可以使草图更容易被读者理解。

将物体画成"透明"的，有利于矫正造型和修改透视。

我们可以尝试用圆珠笔和签字笔来画辅助线，看看会有什么效果。

在一般效果图练习中，我们可以将产品尺寸画得与自己的手大小差不多，也可以稍大一些，这样画效率较高，细节展现也足够。

码2-9

码2-10

码2-11

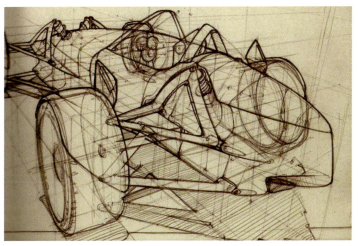

图 2-8　优秀辅助线的运用

图 2-9　辅助线在实际效果图中的运用

2.2　线的属性

码2-12

码2-13

码2-14

点的汇聚可以形成线，线的相交可以形成面。我们在绘制设计图时，如果仅仅使用一种状态的线条去画图，画面会显得平淡、乏味，没有艺术感。如果使用不同浓淡、粗细有变化的线条去绘图，会让整个画面更有立体感、层次感。而且我们在开始绘制一个物体时，尽可能地使用浅色或者细的线条起形，然后不断地去调整、修改、加重，这样就会得到线条丰富的设计图。

手绘设计图在绘制的时候，除了要求结构准确、透视正确外，线条的轻重缓急、粗细浓淡在表现中都非常重要。如何把握线条的轻重，对于初学者来说，是一个需要解决的问题。

手绘设计图里的线条按属性分为轮廓线、结构线、剖面线三种，如图 2-10 所示。

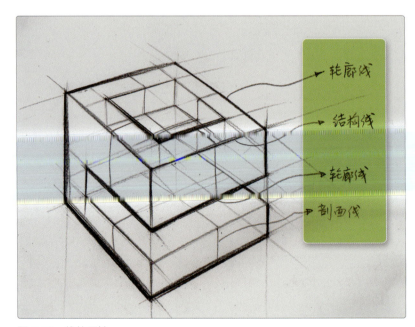

图 2-10　线的属性

2.2.1　轮廓线

除了外轮廓外，轮廓线还包括形体之间存在前后空间关系的分界线，图中红色描过的线都是轮廓线，如图 2-11、图 2-12 所示。

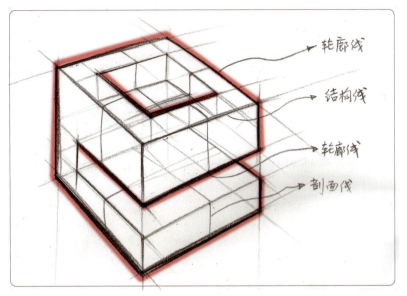

图 2-11   轮廓线

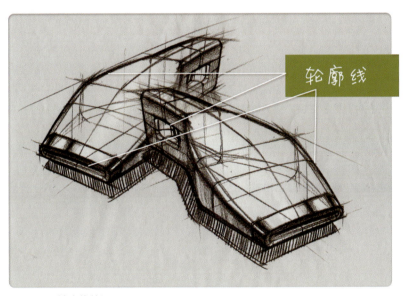

图 2-12   轮廓线的运用

2.2.2   分型线

分型线,是为了满足工业产品加工的需要而绘制的两个组件之间的缝隙线,也就是两个组件之间的分界线。这种线,在工业产品的表面是实实在在存在的线。比如,图 2-13 中这个水杯,水杯盖和玻璃瓶之间,就有一根分型线,同时,塑料盖又是由两部分组成的,两者之间就又有一根分型线。

分型线

分型线

分型线

图 2-13　分型线（组图）

2.2.3　结构线

　　结构线，就是指产品自身，因面与面之间发生转折，或者是形体变化时形成的分界线。

　　图中绿色部分的线都是结构线，当然，就这个例图来说，周围的轮廓线也是结构线，如图 2-14 所示。

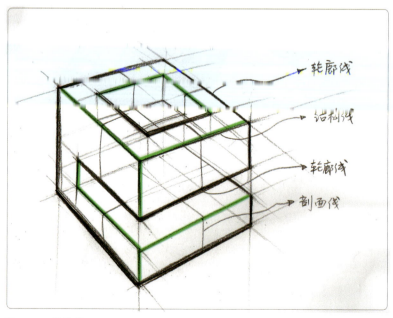

轮廓线

结构线

轮廓线

剖面线

图 2-14　结构线

2.2.4　剖面线

剖面线，是指为了更好地说明产品的结构和表面的起伏，假定将物体切开而形成的断面线，剖面线在产品形态表面其实是不存在的，我们只是需要借助这种线来说明产品的结构和形态。图中紫色线都是剖面线，如图 2-15—图 2-17所示。

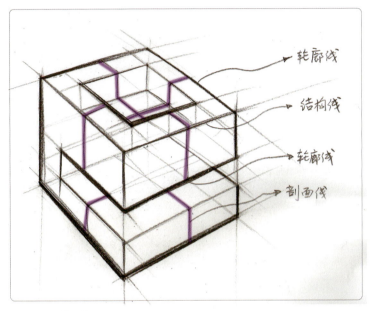

图 2-15　剖面线

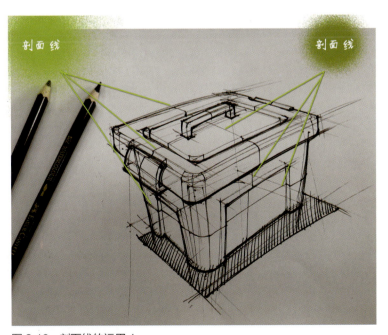

图 2-16　剖面线的运用 1

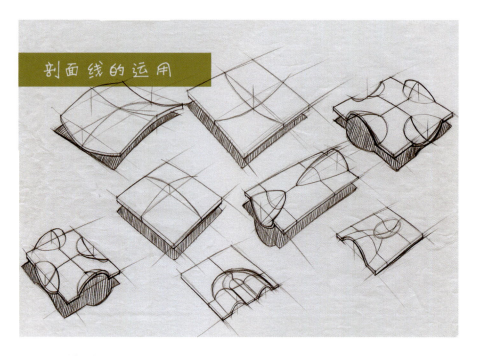

图 2-17 剖面线的运用 2

小贴士

　　最后，还要注意画面中辅助线的绘制，辅助线不仅能帮助画出正确的造型，而且也会使草图更易被理解。辅助线要画得轻一些，因为它会隐身于最终的成品背景里，如图 2-18—图 2-21 所示。关于线的属性的更多演示，请参考单体快速绘制。

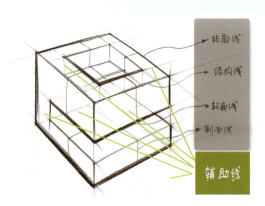

图 2-18　辅助线的运用

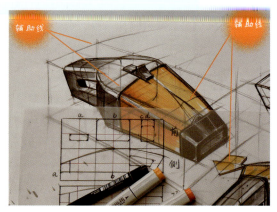

图 2-19　实际绘图中辅助线的运用 1

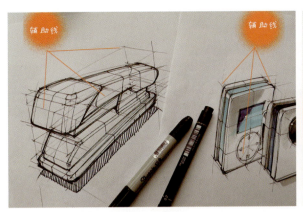

图 2-20　实际绘图中辅助线的运用 2

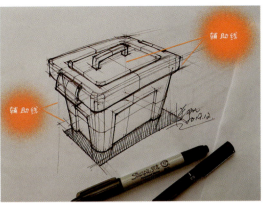

图 2-21　实际绘图中辅助线的运用 3

2.3　产品手绘设计图的透视基础

　　产品设计图绘制过程就是一个在二维纸面上构建三维空间的过程，在这个过程中，透视是基础。观察透视有一个好方法，把你的手伸开，对着远方，放到手机面前，来拍一张照片，你会发现，远处的汽车甚至房子，比你的手还要小！这就是我们身边无处不在的透视，如图 2-22 所示。

码2-15

码2-16

码2-17

图 2-22　身边的透视

2.3.1 透视原理

这两幅图都是我们生活中经常看到的生活场景，基本的透视规律是近大远小，如图 2-23 所示。

图 2-23 生活中的透视场景（组图）

透视有很多种，比如散点透视和空气透视大家就比较陌生，下面我们来讲一讲这两种透视。

2.3.2 散点透视

散点透视是中国画常用的透视法，画家观察点不是固定在一个地方，而是根据需要，移动立足点进行观察，凡各个不同立足点上所看到的东西，都可组织进自己的画面。借用此透视方法，艺术家才可以创作出数十米的长卷（如《清明上河图》），如图 2-24 所示。

图 2-24 应用散点透视的中国画（组图）

2.3.3　空气透视

空气透视又称"色调透视"，是指物体因空间距离不同，而发生的明暗、形体、色彩变化的视觉现象。空气透视能够使画面产生十分迷人的效果和意境，能大大地增强画面的空间深度感，如图 2-25 所示。

但在产品绘制中，我们经常把透视分成一点透视、两点透视和三点透视，其中，两点透视用得最多。要画学好产品设计图，必须熟练掌握透视的基本规律。比如，这里可以很清楚地看到，地板上两张相同的 A4 纸，由于透视的关系，尺寸变化看起来很大，如图 2-26 所示。在这张图中，我们假设中间有一个画面，可以看到铅笔慢慢变短的透视原理。可以看到，两支远近不同的铅笔，在一个画面上形成大小不同的透视图，黄色对应黄色铅笔，橘色对应橘色铅笔，清楚地揭示了近大远小的透视关系。

图 2-25　空气透视

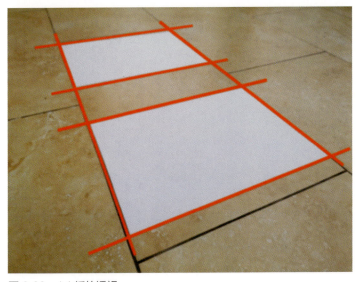

图 2-26　A4 纸的透视

码2-18

2.4 产品手绘中的一点透视

2.4.1 一点透视形成原理

一点透视,又叫平行透视,当一个立方体的上下两条边界与视平线平行时,这时立方体所呈现的透视就是平行透视。在这种透视下,立方体的灭点只有一个,所以也叫一点透视,如图 2-27 所示。

码2-19

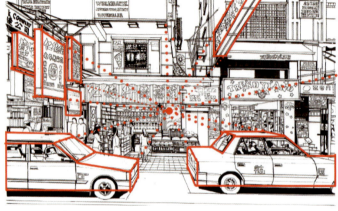

图 2-27 一点透视 1

码2-20

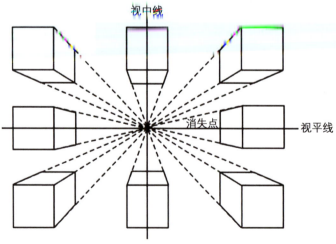

图 2-28 一点透视 2

简单地说，就是物体前后有两个面正对着我们的眼睛。这两个面与视平线是平行的。还需要注意的是，图 2-28 中四条线称作变线，这四条变线的延长线一定是相交于灭点，也就是消失点。简单地概括为：横线平行、竖线竖直、斜线交于一点。

2.4.2 一点透视的应用

一点透视适合表现正侧面结构形态比较丰富的产品，也就是我们平时所说的三视图中的侧视图。当然，缺点就是空间的纵深感不强，如图 2-29 所示。

图 2-29 一点透视应用

码2-21

码2-22

码2-23

2.5 产品手绘中的两点透视

2.5.1 两点透视形成原理

两点透视，又叫成角透视，画面中纵线垂直于地面，基准面与画面呈一定的角度，这样形成的透视关系为两点透视。这里，立方体的四个面相对于画面倾斜成一定角度时，它的上下两条边界就产生了透视变化，其延长线分别消失在视平线上的两个灭点。物体高于视平线时，透视线向下斜，物体低于视平线时，透视线向上斜。因为有两个灭点，所以叫两点透视。又因为立方体的四个面相对于画面倾斜成一定角度，所以两点透视也叫成角透视，如图 2-30、图 2-31 所示。

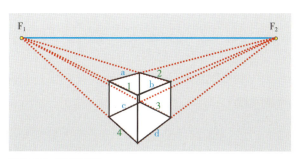

图 2-30 两点透视

需要注意的是，a、b、c、d四条线的延长线和1、2、3、4四条变线的延长线分别相交于视平线两端的灭点。两个灭点一定是在同一条水平直线上。

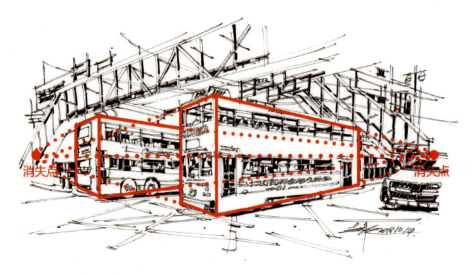

图 2-31 两点透视效果图

2.5.2 两点透视注意事项

● 离视平线越近的水平方向的面，面积越小。

● 离灭点越近的立面，面积越小。

如图 2-32 所示。

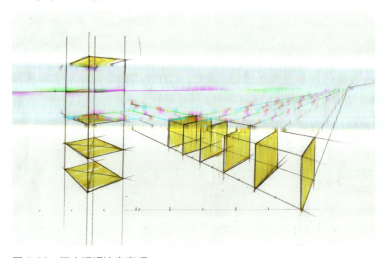

图 2-32 两点透视注意事项

2.5.3 两点透视在产品手绘中的应用

两点透视的表现形式更灵活，且传递的设计信息更多，适合绝大多数产品的表现，也是产品手绘图中最常用的透视类型。在选择两点透视具体角度时，应将设计信息较多的面作为图面主体，找到最能表现产品特征的角度，体现产品的特点，让产品的展示效果最大化，如图 2-33 所示。

图 2-33　两点透视应用

2.5.4　两点透视作图方法

如图 2-34 所示，以真高线尺寸为参照，从变线的端点 A 往心点（CV）方向水平取真高线 2/3 长度得到点 B，将点 B 与心点（CV）相连，连线与变线的交点 B_1 为所求的点，即线 A-B_1 为发生透视变形后的单位 1，如图 2-34 所示。

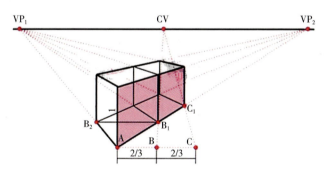

图 2-34　两点透视作图方法

2.5.5　三点透视

三点透视，也叫倾斜透视。以立方体为例，在两点透视的基础上，上下方向的各边界与我们的视心线不垂直时，立方体各边延长线分别消失于第三个点，所以三点透视就有三个消失点。三点透视是在两点透视的基础上，所有垂直于地面的竖线的延长线汇聚在一起形成第 3 个灭点，当第 3 个灭点在下面的时候形成俯视的角度，人站的位置越高，透视效果越明显，一般用来表现体量比较大的物体，如图 2-35 所示。

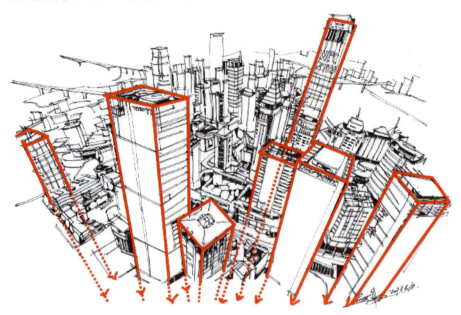

图 2-35 人站的位置越高，透视效果越明显

2.5.6 两点透视作业

请同学们参照图片进行两点透视绘图练习，如图 2-36 所示。

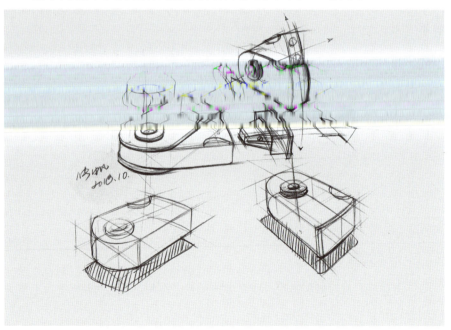

图 2-36 两点透视作业

码2-24

2.6　圆的透视表现

2.6.1　八点画圆法

八点画圆法是一种简单易懂的画圆方法，它的原理是通过圆心和圆上的八个点来确定一个圆的位置和大小，具体步骤见二维码 2-19，示例图如图 2-37 所示。

图 2-37　圆的透视

在实际的透视练习中，圆的透视画法相对较难把握。圆的绘制通常有八点画圆、十二点画圆等方法，如图 2-38 所示，都比较复杂。

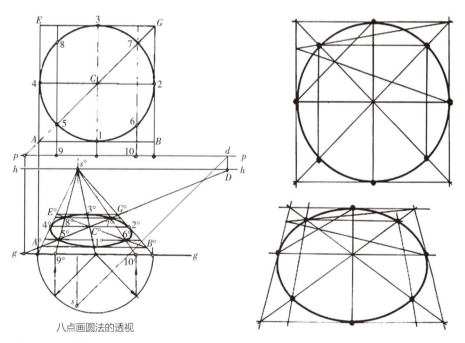

八点画圆法的透视

图 2-38　圆的透视画法

不少教材都有等分之说，经过测试，不管是二等分说还是三等分说，如图 2-39 所示，都存在一定的误差。

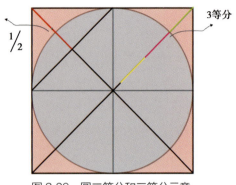

图 2-39　圆二等分和三等分示意

码2-25

2.6.2　透视圆的绘制练习

椭圆的画法与它的两个轴密切相关，其中长轴和短轴交叉的位置必须在椭圆的中心。但是，在绘制透视圆的时候，椭圆透视中心点与椭圆的中心点并不重合，而是靠后一点。如果把一个橙子平均切成两半，我们就会看到透视圆的变化，如图 2-40 所示。

图 2-40　透视中心点靠后（红色位置）

初学者平时要经常进行徒手透视圆练习，在绘制时，一定经过若干点的训练，起初通过两个点，逐步过渡到通过四个点绘制透视圆，此时，还要注意透视圆上窄下宽的透视变化，如图 2-41 所示。

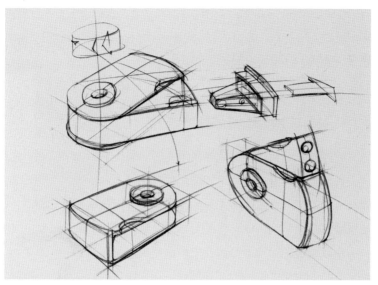

图 2-41　透视圆的绘制练习

2.6.3　正三角形的透视绘制

先画一个椭圆，接下来画一条穿过椭圆中心的轴线，把轴线的一半平分，把经过轴线一个端点的切线平移到这个等分点上，过这个平分点的线与圆形形成两个交点，连接后就得到了一个正三角形的透视图。

2.6.4　正五边形的透视绘制

先画一个椭圆，任意画一条穿过椭圆中心的轴线，然后，把轴线的一半三等分，另一半四等分。通过这些等分点的切线，与椭圆形成 4 个交点，加上轴线的一个端点，依次连接这 5 个点，就是一个近似正五边形的透视图。

2.6.5　透视圆的练习

图 2-42 是吹风机透视圆的练习。

码2-26

码2-27

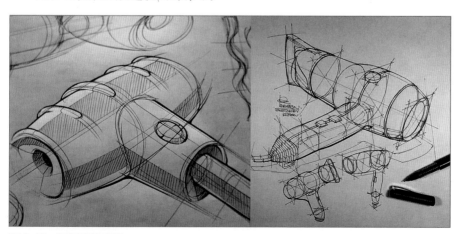

图 2-42　透视圆的应用

2.7　明暗与投影的表现

码2-28

2.7.1　光与影在物体上的变化

　　物体的明暗和投影最能体现画面的立体感，因为明暗和投影可以为画面创造一种视觉的深度，从而增加画面的真实感。除了物体本身的造型，投影还与光线入射的方向有直接的关系。投影不但可以强调物体的造型，而且可以清晰地反映产品的结构，以及产品与地面、背景之间的关系。

　　作者通过实际拍摄静物和三维软件模拟光在物体上光影变幻。

码2-29

　　产品表现除形体结构、比例外，在表现物体的立体感、质感方面，明暗恐怕是最重要的要素了。明暗调子主要指高光、亮部、明暗交界线、反光和投影。没有明暗效果的手绘作品，不能很好地体现物体的立体感和质感，就是我们常说的没有深度，如图2-43所示。

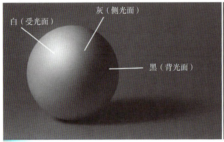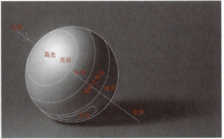

图2-43　明暗调子

　　毕竟优秀了维效果图，单单看它的明暗关系，也就是它的素描关系，都表达得很到位，如图2-44所示。

　　绘制产品时，先考虑物体大的光影关系，绘制基本的光影与明暗，然后绘制细节，如图2-45所示。

2.7.2　投影的变化

　　投影的产生和光源有关。一般光源分为点光源和平行光源，

图2-44　手绘效果图的素描关系

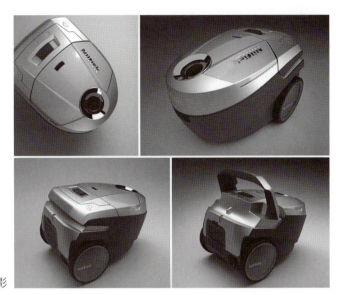

图 2-45 产品的光影

点光源产生的投影是发散的。平行光源（如太阳光），它会产生像实际生活中那样的投影，更接近真实情况。在绘制设计表现图时，为了方便，通常会选择平行光源。常用的角度是光源从物体的上方 45° 投射在产品上。物体的投影和光线入射的方向有直接的关系。投影既可以描绘物体的起伏和结构，还可以反映产品与地面背景的距离和关系。我们可以运用光的直线传播原理，准确找到物体投影的位置。平行光线投下的阴影，被物体遮挡的部分，可以运用光的直线传播源来找到它相对的位置。

　　光照的方向不仅为立方体创造了一种合适的明暗关系，而且给予了立方体合理的投影效果。任何一个基本几何形体的投影都有各自的特征。并且都应该符合下面两点：第一，投影应该具备足够的空间，以突出物体的形状；第二，投影是用来衬托物体的，不要将其表现得过大而破坏了画面的层次感，如图2-46 所示。

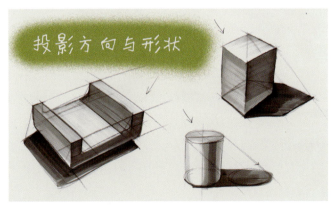

码2-30

图 2-46 物体投影变化

先以一个单体立方体为例，假设光线以 60° 的入射角照射，顶面 z 轴方向为亮面，x 轴方向为灰面，y 轴方向为暗面，如图 2-47 所示。

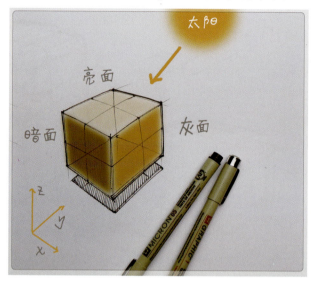

图 2-47　物体明暗变化

2.7.3　马克笔明暗绘制步骤

2.7.4　明暗临摹练习

根据图片或者渲染图观察物体光照效果和明暗层次，使用同色系或者单色马克笔绘制，如图 2-48 所示。

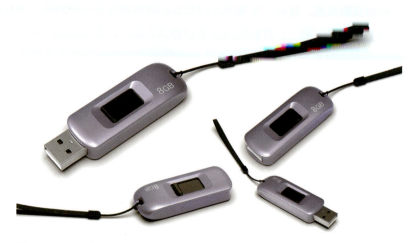

图 2-48　图片临摹练习

任务一　优盘单体设计

中华传统文化源远流长，博大精深，世界上任何其他国家都无法与之比拟。在现代设计的实践中，不能一味地模仿西方设计的外在形式，而应该重视本民族传统艺术文化内涵。

学习传统艺术，能够锻炼发现力，以不寻常的视点去看寻常事物，锻炼从杂乱中寻求秩序的能力，锻炼概括能力和组织能力，进而培养特有的创造性思维。艺术与现代设计相结合，不应该是简单的拼接，现代设计不应该是旧瓶装新酒，不应该是西方的艺术设计的翻版，而应是既有高品位的中国文化内涵、又符合当今设计的崭新样式。

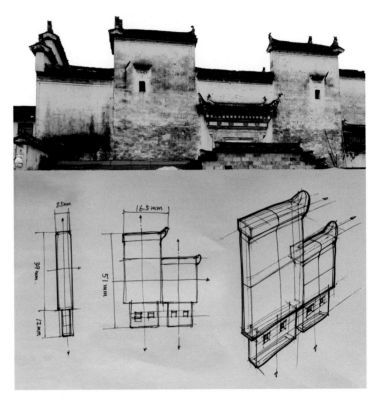

图 2-49　徽州建筑灵感提取

任务名称：优盘单体设计

任务要求：提炼传统文化与现代造型相结合、融入时代元素绘制优盘透视图表现图。

绘制要求：

（1）合理表现线的属性。

（2）标注尺寸。

（3）注意透视和结构，绘制透视图。

任务一设计参考如图 2-49 所示。

案例导入：线的属性实际应用

学完前面的章节，大家理解了手绘设计图绘制中各种线的属性，也能够区分轮廓线、分型线、结构线、剖面线、辅助线。那么，这几种不同类型的线条

在产品设计手绘图中应该怎样运用呢？通常的原则为：起笔绘制草稿时的辅
助线最轻，其次较重的是剖面线，然后是结构线和分型线，最重的是轮廓线！
如图 2-50 所示。

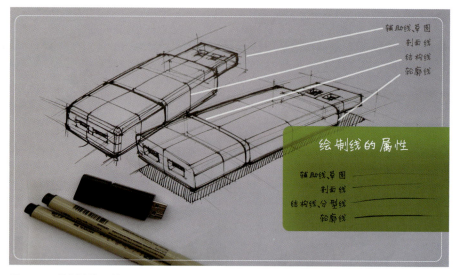

图 2-50　绘制线的属性 1

所以，平时要经常练习区分 5 种或 5 种以上的线条。不同类型的线条用途
不同。通过练习要熟练掌握什么时候该用哪种线条，什么时候该加重哪个位置。
5 种类型线条绘制效果如图 2-51、图 2-52 所示。

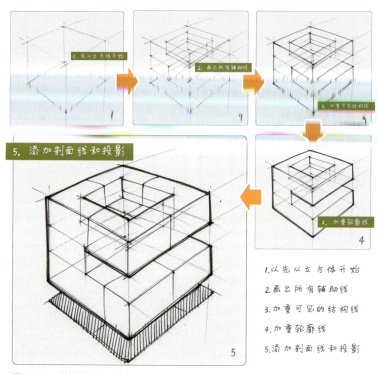

图 2-51　绘制线的属性 2

图 2-52　绘制线的属性 3

案例导入：透视单体快速绘制步骤

（1）从立方体开始画；

（2）画出所有辅助线；

（3）加重可见结构线；

（4）加重轮廓线；

（5）添加剖面线和投影。

如图 2-53—图 2-57 所示。

图 2-53　步骤一

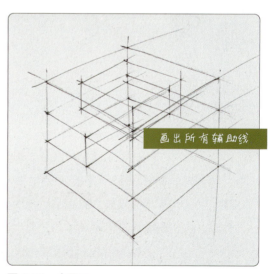

图 2-54　步骤二

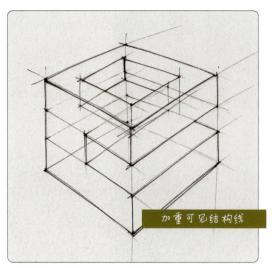

图 2-55 步骤三

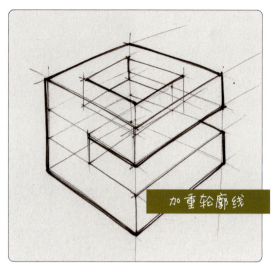

图 2-56 步骤四

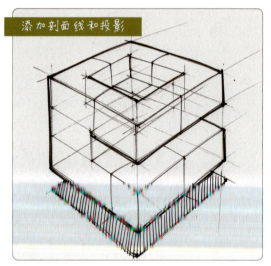

图 2-57 步骤五

码2-31

　　如果仅用一种线条去画设计草图，会让人感觉过于平面化，甚至过于平淡，没有立体感。初学者轻松自如地把控线条，通过线条的浓淡来表达自己的想法，这十分重要。熟练掌握线的属性绘制方法，即便是零基础的初学者也可以大胆地去画，而不用担心线条生涩。为了让初学者大胆地下笔，笔者使用左手绘制了一幅练习图，如图 2-58 所示，掌握了绘制方法，即使画得歪歪扭扭是不是也有别有一种新意？

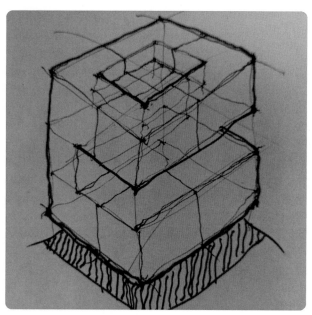

图 2-58　左手绘制效果

学习了各种属性线条的绘制方法，同学们赶快拿起笔跟着下面的视频行动起来吧。

案例导入：快速绘制打印机

根据提供的打印机图片快速绘制墨稿一张，使用圆珠笔或者针管笔绘字，如图 2-59、图 2-60 所示。

码2-32

码2-33

● 根据提供的打印机图片快速绘制墨稿一张。
● 使用圆珠笔或者针管笔绘制。

图 2-59　练习参考

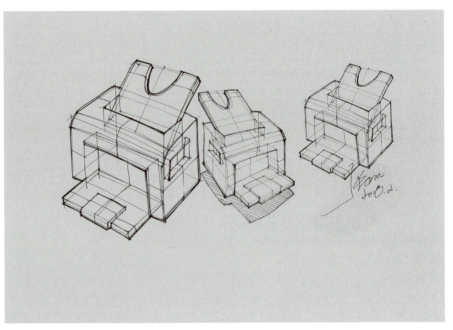

图 2-60　打印机快速绘制

模块 3 ｜产品形体塑造

3.1 绘制产品的倒角

码3-1

3.1.1 倒角的概念

倒角又称 R 角、圆角。市场上的产品几乎都有倒角，身边的产品也随处可见那些打动人心的倒角。一般产品加工后棱角有毛刺，一定要做倒角，考虑到装配、美观、抗摔，也要进行倒角。倒角有倒直角和倒圆角之分，倒圆角稍微复杂些。手绘中的倒角是体现产品造型与细节的重要技巧，掌握好各类倒角的画法，有助于手绘表达的提升。绘图设计中常见的倒圆角状态又分为二维倒角与复合倒角，如图 3-1、图 3-2 所示。

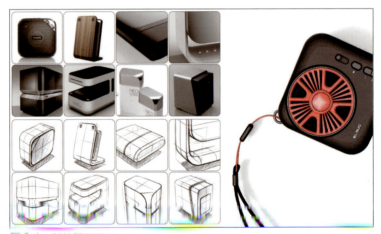

图 3-1 倒角的绘制 1

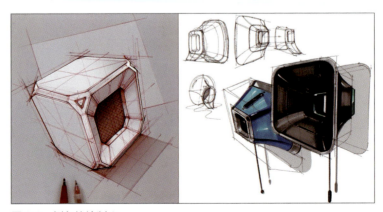

图 3-2 倒角的绘制 2

3.1.2　倒直角

倒直角最简单，我们可以理解为用刀把主体削去棱角，其实就是前面大家练习的立方体的减法。如图 3-3 所示。

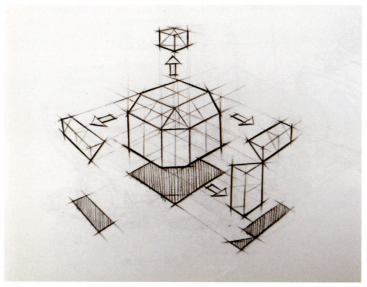

图 3-3　倒直角的原理

3.1.3　二维倒角

二维圆角的绘制重点是物体的 4 个角，通过倒角处理最终 4 个角合成一个透视椭圆，如图 3-4 所示。

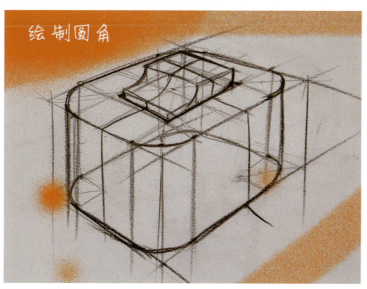

图 3-4　绘制圆角

码3-2

3.1.4　复合倒角

　　复合倒角是指倒角发生在多个视图中，并且相交的状态。绘制时，结构线一定要交代清楚。在处理复合倒角时，首先分割，想象整个模型被有规律地切了4刀，每一刀的截面都进行二维倒角，整个底面也进行二维倒角，最后连接轮廓线。复合倒角理解示意图如图3-5、图3-6所示。

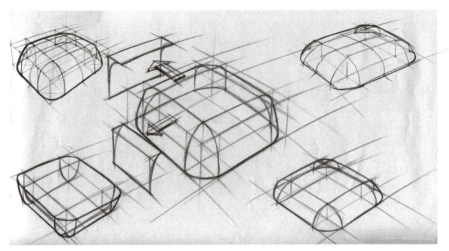

图3-5　复合倒角示意图1

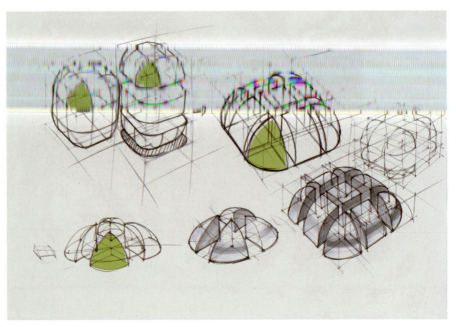

图3-6　复合倒角示意图2

3.1.5　倒角在设计手绘中的应用

倒角是产品的细节，在绘制较为圆润的造型时用得较多。细腻的倒角绘制会增添画面生动感，因此学会绘制倒角尤为重要，倒角的图例如图3-7—图3-9所示。

图 3-7　倒角在手绘中的运用

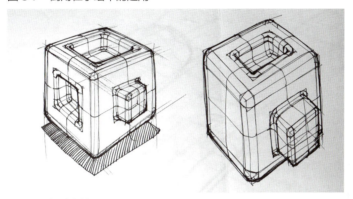

图 3-8　复合倒角

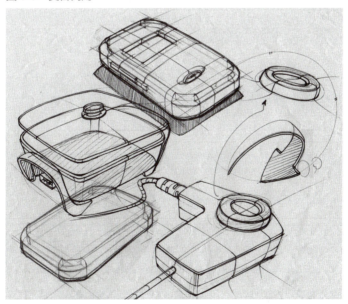

图 3-9　复合倒角的绘制应用

码3-3

码3-4

3.1.6　倒角临摹练习

　　我们在学习手绘过程中要注意倒角的练习，平时多临摹优秀作品，如图3-10所示。

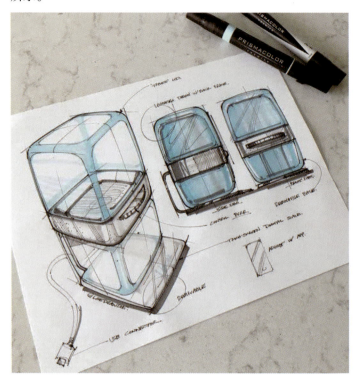

图 3-10　倒角的手绘练习

3.2　空间形体塑造

3.2.1　空间形体增减与切割

　　立体空间表现是专业手绘设计的基础。手绘设计图要求我们具有良好的空间表现能力，具备控制各种形态变化的能力，能依据透视规律将熟悉的形体进行空间变化。事实上，大多数的产品都是几何体或是由几何体组合而成的。在使用该方法时，首先，需要了解所绘产品的基本形态，切勿受到产品细节的干扰，应画出大的形体后再添加细节。具体的手法主要分为加法和减法。

　　加法：就是在原有基本型的基础上，按照透视规律增加形体和结构。

　　减法：就是对形体进行分割，在此基础上，培养设计的主动思维能力，由表及里地概括、归纳，理解形体空间的透视变化规律。

在一个物体上进行局部的添加与切割，大多数的产品都是几何体切割或者组合而成的，通过这种方法，可以让我们很轻松地获得产品的基本造型，如图 3-11、图 3-12 所示。

码3-5

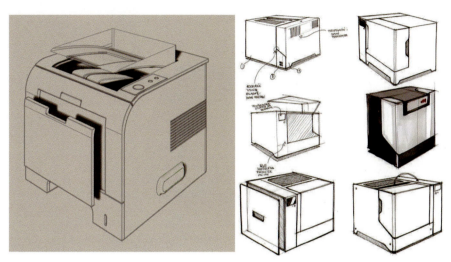

图 3-11 空间形体增减与切割 1

码3-6

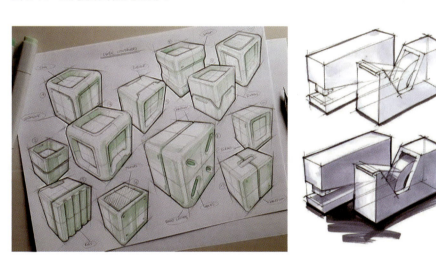

图 3-12 空间形体增减与切割 2

码3-7

3.2.2 空间形体旋转与视角

旋转：通常情况下，整个设计图应该在我们脑海中有一个空间印象，根据设计需求，我们应该画出它的不同姿态、不同视角。在某些情况下，稍稍改变一下画稿的绘制角度，就会更加吸引人，如图 3-13 所示。

经常进行产品视角练习，可以使你更熟练地选择合适的视角。当然，合适的产品表现视角可以传达出更多有用的信息。

码3-8

图 3-13 形体旋转的应用

我们也可以根据给定的三视图绘制相对应的透视图。这个对空间的练习也很有帮助。掌握好产品的结构和角度，有利于推敲产品的细节，可以让产品表现图更丰富，让表现图看起来更专业，如图 3-14、图 3-15 所示。

3.2.3 空间形体结构与穿插

在产品手绘中，不同造型的形体穿插是我们比较常见的结构形式。直线结构的穿插有点类似形体的加减切割，这种类型比较简单。而曲面体之间的穿插相对复杂，特别是形体穿插之间的交接线，会随着形体的变化而变化。下面以建模和动画的形式来展现形体结构的穿插交界线造型，如图 3-16 所示。

绘制两个圆柱体相交的几个关键交点，并注意椭圆形状的透视，两个圆柱体之间的交接线，我们可以将其大致理解为一个平躺的 8 字形。

3.2.4 空间形体分析与简化

为了提高绘图的效率，我们在绘制一个复杂的产品时，往往需要对其进行简化和概括提炼。分析并简化造型，能够帮助设计师将复杂的物体转化为容易理解的简单造型，几乎每件产品都可以进行分解重构。这样做的目的就是把一个复杂的造型简化成一个或者若干个分割或是组合的几何形体，如图 3-17 所示。

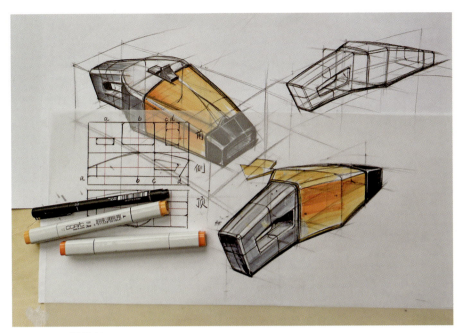

图 3-14　形体旋转

图 3-15　形体推敲

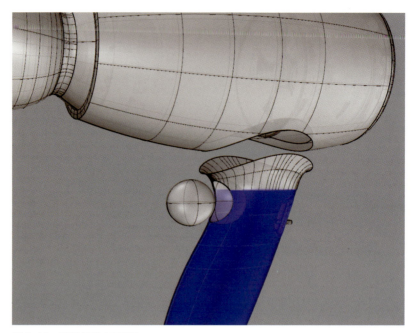

图 3-16　形体结构与穿插

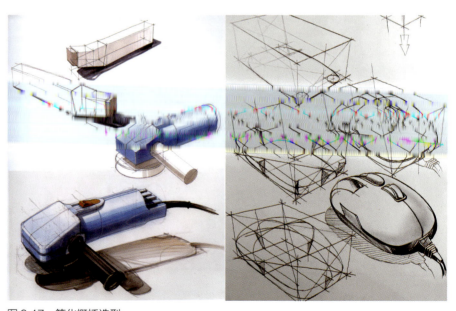

图 3-17　简化概括造型

　　借鉴三维建模思路，有意强化 x、y、z 轴的空间方向，这样表现出来的形体更具立体感，空间和结构表现更真实。如图 3-18—图 3-22 所示。

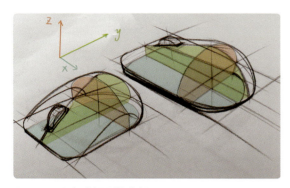

图 3-18　鼠标空间形体分析

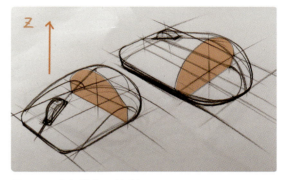

图 3-19　鼠标结构 Z 轴分析

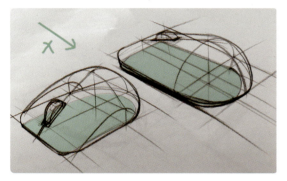

图 3-20　鼠标结构 X 轴分析

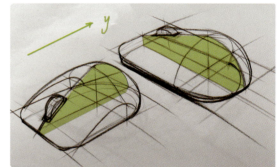

图 3-21　鼠标结构 Y 轴分析

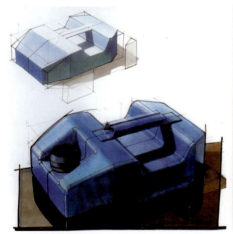

图 3-22　分析与简化

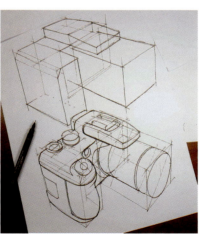

码3-9

码3-10

3.2.5　使用剖面线表现空间

　　用剖面线可以表现空间的转折、起伏与变化。要准确表达一些变化丰富的造型就需要借助剖面线来补充说明设计的形态，如图 3-23、图 3-24 所示。

图 3-23　理解剖面线 1

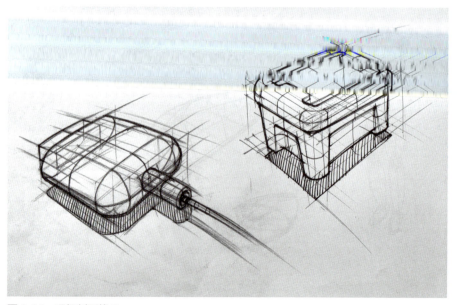

图 3-24　理解剖面线 2

任务二　产品三维转换与造型表现

"工匠精神"可以从六个维度进行界定，即专注、标准、精准、创新、完美、人本。其中，专注是工匠精神的关键，精准是工匠精神的宗旨，本任务就是旨在训练学生的专注和精准，培养精益求精的工匠精神。

任务名称：产品三维转换与造型表现

任务要求：根据三视图按照要求完成手绘透视图表现

绘制要求：

（1）绘制两个不同方向的透视图。

（2）要有结构说明和细节图。

（3）合理设计整个版式。

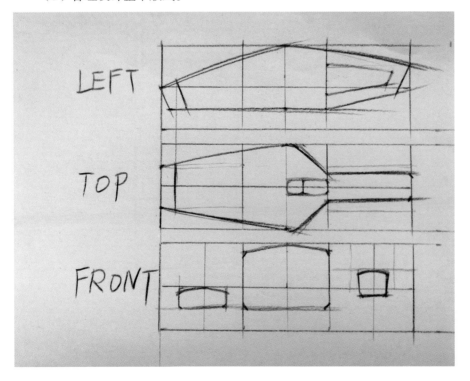

案例导入：汽车吸尘器绘制

1.案例解析：坐标轴透视画法

二维坐标轴主要由 x 轴和 y 轴构成，有 4 个象限。在 CAD 软件或三维软件的各类视图中经常用到，点的位置也主要由坐标来决定。在工业产品设计绘图中，主要是基于 CAD 的各类视图的轮廓线的绘制及尺寸标注来定位坐标。

对于设计类同学而言，就是理解六面体在主视图、仰视图、俯视图、左视图、右视图及后视图的表现，如图 3-25 所示。

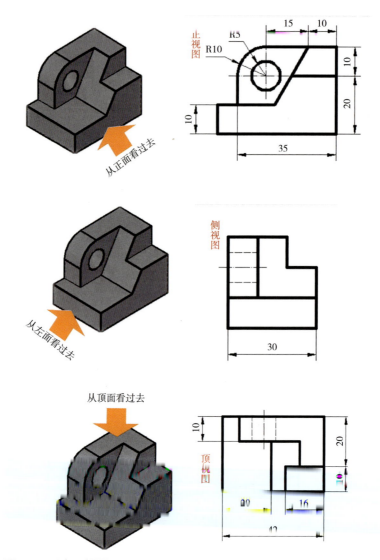

图 3-25　理解三视图 1

三视图

三视图是观测者从上面、左面、正面三个不同角度观察同一个空间几何体而画出的图形。三视图中的各自尺寸对应关系为长对齐、高平齐、宽等齐。绘制完成后还要标注尺寸，通常标准单位为毫米。产品各个视图相互对应，不仅产品主要配件造型要对应，而且产品上面的局部小细节造型在不同视图上也是要一一对应，也可以借助辅助线来强调局部对应关系。三视图是从 3 个不同方向对同一个产品进行投射的形式，可以基本完整地表达产品的造型。

三视图可以更加完整地体现产品的结构特征。大家在绘制主效果图时，可以利用三视图来增加效果图的呈现效果。另外，三视图的绘制不是一蹴而就的，大家需要反复地练习，尝试绘制多角度的视图效果，从中总结适用于自己的绘制技巧及经验，从而更好地通过效果图传达设计信息。

2.案例解析：根据三视图绘制透视图

在设计草图初期，往往是从容易表现的二维视图进行推敲，然后通过选定后的二维视图向三维视图过渡。根据已知的三视图，运用前面所学的透视法则，将每个视图的点与点相对应，绘制出产品的不同角度状态，如图 3-26、图 3-27 所示。

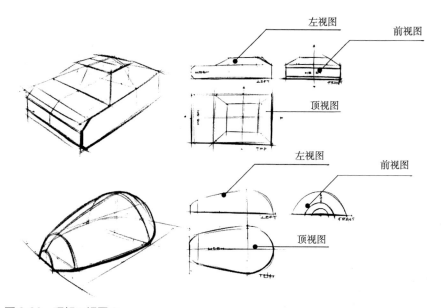

图 3-26　理解三视图 2

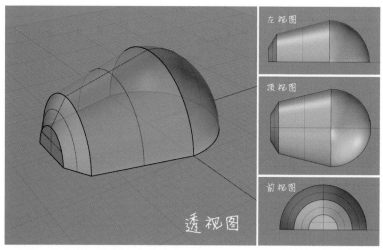

图 3-27　复合倒角示意图

在通过三视图向透视图的转换练习中，我们需要看透产品，理解产品每个视图的对应关系。下面以遥控器为参考，通过了解主要的截面看透产品的结构，绘制出产品的透视图。

（1）依据两点透视绘制出透视中线并将其作为参考线，确定比例关系。

（2）在透视中线上，按比例位置绘制出产品的 3 个主要截面。

（3）以 3 个截面作为产品的骨架，用线进行连接，得出主体部分。

（4）依据透视、比例关系在大概外形上减去把手处孔位，将细节绘制出来即可。

最终结果如图 3-28 所示。

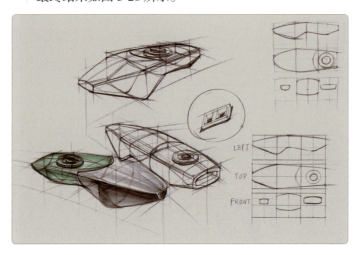

图 3-28　三维转换

3.案例解析：根据透视图绘制三视图

我们可以根据透视图绘制空间中的三视图，这对空间的练习中很有帮助，如图 3-29 所示。

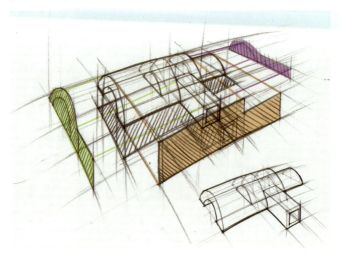

图 3-29　绘制对应三视图

4.案例解析：三视图在产品设计图中的应用

在绘制产品设计图时，为了更好地体现产品的结构特征，帮助"读者"更好地读图、识图，设计师多会添加三视图作为图纸的一个重要部分。作三视图时要注意：

（1）三视图的各自位置。首先，画出确定好的三视图中的正视图（主视图），产品设计主要集中在哪个面决定画产品的哪个视图，如要画左视图，则在正视图（主视图）右边画；如要画右视图，则在正视图（主视图）左边画；如要画顶视图（俯视图），则在正视图（主视图）下方画；如要画底视图，则在正视图（主视图）上方画。

（2）三视图的各自尺寸对应关系：长对齐、高平齐、宽等齐，三视图绘制完成后，还要标注尺寸，通常标准单位为毫米，产品各个视图相互对应，可借助辅助线强调局部对应关系，各标注符号都需要规范准确。

（3）在画三视图时，看不见的线应画虚线，能看见的线画实线，如图3-30、图3-31所示。

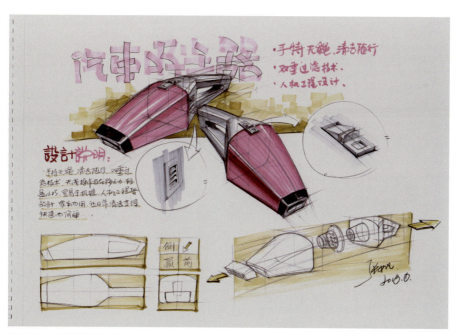

图3-30 三视图应用1

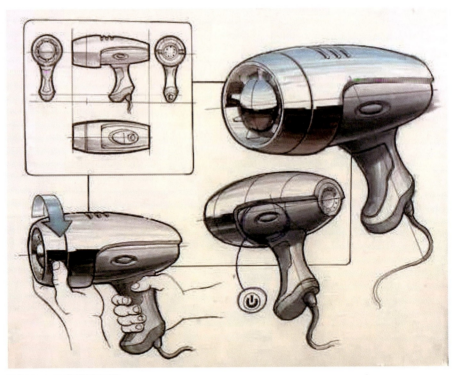

图 3-31　三视图应用 2

　　三视图转换学生作业如图 3-32—图 3-35 所示。

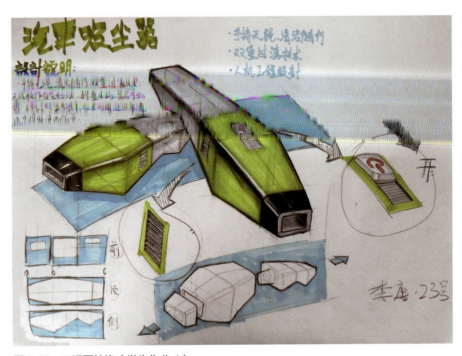

图 3-32　三视图转换（学生作业 1）

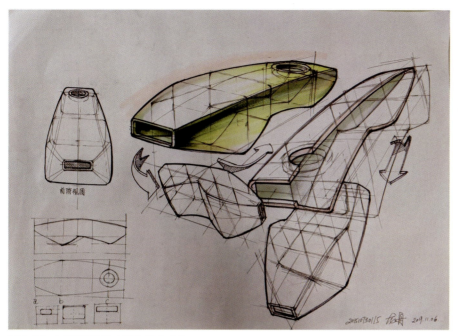

图 3-33　三视图转换（学生作业 2）

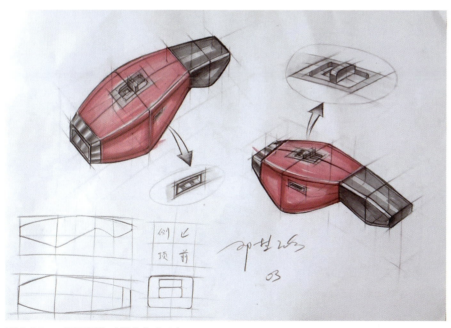

图 3-34　三视图转换（学生作业 3）

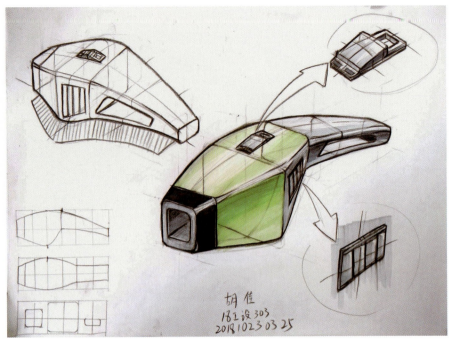

图 3-35 三视图转换（学生作业 4）

码3-11

码3-12

模块 4 ｜马克笔和色粉 的表现技法

4.1 马克笔的表现方法

马克笔是当代手绘设计表现色彩的主力,具有方便、快捷、便于携带等优点。马克笔按笔头,可以分为单头和双头马克笔。按照溶剂,可以分为油性、酒精性、水性三种类型。油性马克笔,快干,色彩柔和,颜色可以多次叠加,酒精性马克笔可以在任何光滑表面书写,速干,防水环保;水性马克笔的优点是色彩鲜艳,但是,颜色多次叠加后会变灰。目前使用较多的是油性或酒精性的双头马克笔。

4.1.1 马克笔的运笔技巧

在使用马克笔进行上色时,首先要注意挑选马克笔的笔头粗细,如图 4-1 所示;除此之外,马克笔的运笔技巧尤为重要,笔触一定要均匀,平缓流畅。特别要求书写流畅,中间无断点或停顿。停顿会出现墨点,笔触与纸面不贴合,容易造成中间笔触不均匀;同时,笔触尽量控制在边界内,如图 4-2 所示。

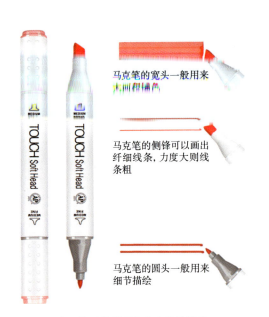

马克笔的宽头一般用来大面积铺色

马克笔的侧锋可以画出纤细线条,力度大则线条粗

马克笔的圆头一般用来细节描绘

图 4-1 合理使用笔头画出有变化的线条

图 4-2 马克笔的运笔技巧

使用相同的马克笔，运笔速度快，画出来的颜色要浅一些，运笔慢画出来的颜色会深一些。同一支马克笔，叠加一次，颜色会深一些；如果再叠加黑色彩铅，还会再深一些。一笔颜色干以后再画另外一笔，会有明显的笔触。如果两种颜色快速用笔且相交，颜色会相互溶合。

马克笔常用的运笔方法主要有扫笔、渐变和排笔。

（1）扫笔

由起点开始绘制，手臂手腕同时运动，并将笔头快速脱离纸面，以形成色彩逐渐消失的渐变效果，多用于表现形体表面的明暗渐变，如图 4-3 所示。

（2）渐变

用同一支马克笔可以画出明暗不同的三种颜色。首先是较轻的扫笔，其次正常运笔，然后是同一支马克笔进行叠加。如果再借助白色彩铅与黑色彩铅反复叠加，就可以进一步拉开颜色的明暗对比，这样我们就得到了 5 个色阶，绘制效果如图 4-4 所示。

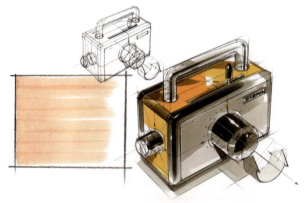

图 4-3　扫笔

图 4-4　渐变

（3）排笔

排笔使用最多，适合大面积平铺。排笔时要求笔触均匀，书写流畅，中间无断点或停顿，注意起笔和收笔的位置，笔触尽量控制在边界内。如图4-5所示。

图4-5　排笔

小贴士

想使画面均匀上色时，一般上两遍效果会好一些，这是因为整体颜色会显得比上一次色要浓厚。因此，建议使用比设定的颜色还要浅一阶的颜色来作画。比如，想达到T5灰色效果，建议使用T4均匀上色。

4.1.2　马克笔的叠加

灰色系叠加。马克笔色号比较丰富，灰色系不管是冷灰或是暖灰，都可以表现出产品上比较细腻的色彩过渡以及层次变化，笔触多次叠加颜色就越深，但是叠加次数过多，颜色容易变脏而且不透明。

彩色同色系叠加。描绘产品的色彩层次变化时，我们一般使用相同颜色的色系进行叠加。但是，要注意笔触与笔触之间的叠加时机，最好是在上一笔没有完全干透时再画下一笔，使色彩过渡自然。

同色系叠加色相变化。从色相环的位置可以看出红色附近是黄色，红色系叠加时，颜色越淡越偏向于黄色色相；蓝色周围的色相是青色，所以颜色越淡越偏向于浅青色，颜色越深越偏向于蓝紫色；绿色色相周围是黄色，所以绘制绿色系列色叠加时，颜色越浅越偏向于黄色，颜色越深越偏向于蓝绿色。

灰色叠加彩色系。灰色系马克笔叠加其他彩色同色系马克笔时，可以得到层次变化很丰富的明暗变化，当然色彩的纯度和明度也会发生相应变化，主要是明度和纯度都会降低。

4.1.3　马克笔 0 号色使用方式

0 号色一般用来晕染色彩。先在需要晕染的地方画上 0 号色。趁画纸还在潮湿状态时，再画上想要晕染的颜色，画上的颜色边缘就会被渲染，颜色发散过渡自然。

当然也可以后使用 0 号色，方法就是先涂上想晕染的颜色，趁颜色未干时再画上 0 号色。

4.1.4　马克笔上色练习

以一个单体立方体为例，假设光线以 60° 的入射角照射，顶面 z 轴方向为亮面，侧面如图所示 x 轴方向为灰面，y 轴方向为暗面。如图 4-6 所示。

码4-1

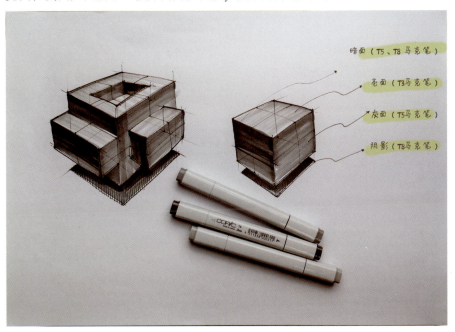

图 4-6　马克笔上色练习

根据上面的分析，物体所有 z 轴方向的面均为亮面，用 T3 号马克笔绘制；物体所有 x 轴方向为灰面，用 T5 号马克笔绘制；所有 y 轴方向均为暗面，用 T5 号马克笔。先排笔涂一遍，再用 T8 号马克笔加重明暗交接线部分。

具体绘制步骤如图 4-7 所示。

第一步：使用 0.5 mm 针管笔绘制基本墨稿。

第二步：使用 0.5 mm 和 1.0 mm 针管笔绘制墨稿，如图 4-8 所示。

第三步：使用 COPIC T3 号马克笔（或者法卡勒 272 马克笔）绘制所有 z 轴亮面，如图 4-9 所示。

第四步：使用 COPIC T3、T5 马克笔（或者法卡勒 272、274 马克笔）绘制所有 x 轴灰面，如图 4-10 所示。

第五步：使用 COPIC T3、T5 马克笔（或者法卡勒 272、274 马克笔）加重亮面和灰面交界处，如图 4-11 所示。

第六步：使用 COPIC T5、T8 马克笔（或者法卡勒 274、276 马克笔）绘制所有 y 轴暗部和阴影，如图 4-12 所示。

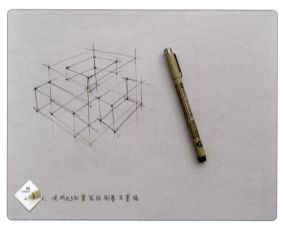

图 4-7　使用 0.5 针管笔绘制基本墨稿

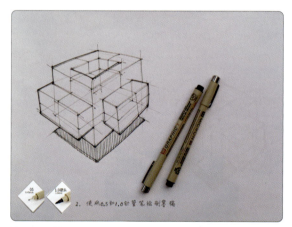

图 4-8　使用 0.5 mm 和 1.0 mm 针管笔绘制墨稿

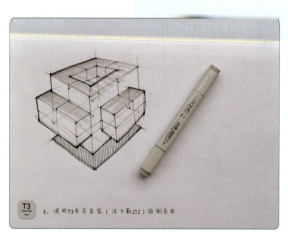

图 4-9　绘制所有 z 轴亮面

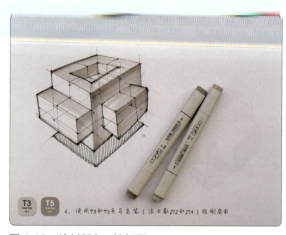

图 4-10　绘制所有 x 轴灰面

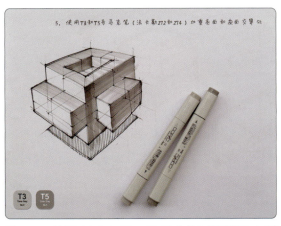

图 4-11　使用 COPIC T3、T5 马克笔加重亮面和灰面交界处

图 4-12　绘制所有 y 轴暗部和阴影

课后练习

　　为下图使用马克笔上色。用明暗不同的马克笔进行绘制，最后也可以用黑色彩铅排线来添加过渡。如图 4-13 所示。

码4-2

码4-3

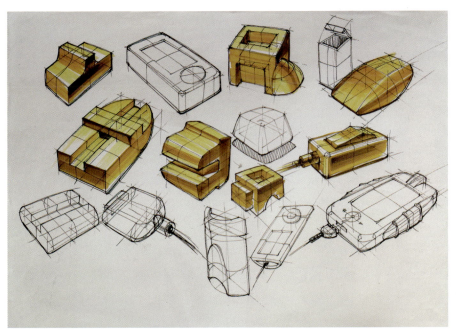

图 4-13　马克笔上单色练习

码4-4

4.2　色粉笔的表现方法

4.2.1　色粉笔的特点

　　色粉笔的最大特点是能非常均匀地处理颜色的渐变，使手绘达到非常真实的效果，如图 4-14 所示。

图 4-14　色粉笔

　　色粉笔分为软、硬两种笔，一般软的色粉笔的画面呈现效果会好一些。色粉笔兼顾油画和水彩的艺术效果，有了类似为形的粉笔，其颜色非常丰富。色粉色彩柔和、层次丰富，在效果图中通常用来表现较大面积的过渡色块，在表现金属、镜面等高反光材质或者柔和的半透明肌理时最为常用。缺点是使用过程相对烦琐，速度较慢，不适合快速表达，如图 4-15、图 4-16 所示。

图 4-15　色粉使用效果 1

图 4-16　色粉使用效果 2

小贴士

在使用色粉时，一定注意在马克笔之后使用，因为色粉会堵塞马克笔头；色粉吸附力不够，会从画纸上脱落，最好配合定画液使用。

4.2.2　色粉笔的辅助工具

色粉笔的辅助工具主要有美工刀、化妆棉（纸巾）、婴儿爽身粉、便利贴、曲线板、橡皮等，如图 4-17 所示。

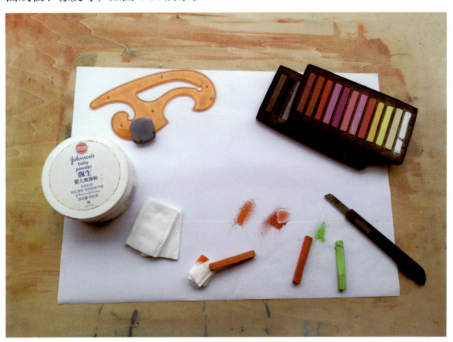

图 4-17　色粉笔使用工具

4.2.3　色粉笔使用步骤

先用美工刀，将色粉轻轻刮下一些颗粒，将其放到一张纸上。为了提高色粉的光滑性，可以加入少量婴儿爽身粉，用叠好的化妆棉或者纸巾均匀搅拌，随形体的转折进行均匀流畅擦拭。绘制期间，还可以借助便利贴或者曲线板进行遮挡，高光部分可以用橡皮直接擦出，需要注意的是，白色彩铅在色粉上面是不容易画出来的。

第一步：一只手拿着色粉一端微微倾斜，另一只手用美工刀，将色粉轻轻刮到一张纸上，如图 4-18 所示。

第二步：用叠好的化妆棉或者纸巾均匀搅拌，尽量多蘸色粉在纸巾上，如图 4-19 所示。

第三步：用叠好的化妆棉或者纸巾均匀搅拌，用纸巾尽量多蘸色粉在纸巾上，超出部分可以用橡皮直接擦去，如图 4-20 所示。

图 4-18　色粉使用步骤

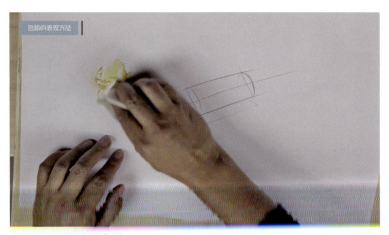

图 4-19　用纸巾蘸色粉

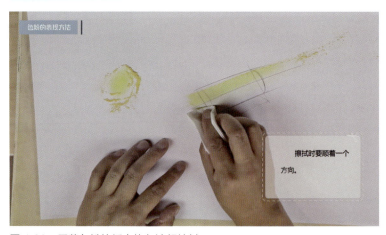

图 4-20　用蘸色粉的纸巾均匀流畅擦拭

4.2.4　马克笔与色粉综合表现

在产品手绘时，单纯地靠色粉表达是很难准确的，主要原因是色粉的涂抹上色方式，边缘线很难做到既清晰又准确。如图 4-21 所示就是单纯地使用色粉表达的作品。因此，绘制效果图的过程中，边缘线的强化则需要依靠彩铅、针管笔、马克笔等工具。

图 4-21　单纯色粉表现效果不好

在处理大面积的渐变光影时，将色粉笔与马克笔结合是非常好的方式。这两种工具运用简便快速，是工业设计效果图绘制中常见的一种表达方式。

色粉与马克笔结合进行光影处理时，一种方式是用深色马克笔对原有的色粉绘制区域进行重色绘制，体现强烈的光影明暗对比；另一种方式是同一色系用不同纯度、明度的叠加产生光影的细腻变化。因此，在汽车效果图绘制、吸尘器光影效果绘制及简洁形体绘制过程中，会取得较好的效果，如图 4-22 所示。

图 4-22　综合工具表现效果

任务三　鼠标的快速绘制

"工匠精神"对于每个人，是干一行、爱一行、专一行、精一行，务实肯干、坚持不懈、精雕细琢的敬业精神。

完美是专注、精准、创新的自然产物和综合体现。完美，即把产品做得像艺术品一样精美、精致，以此实现从质量制造向"艺术制造"的转型。鼠标的快速绘制任务就是旨在训练学生在空间形体塑造上的严谨认真，产品绘制时的完美态度，以及精益求精的工匠精神，如图 4-23 所示。

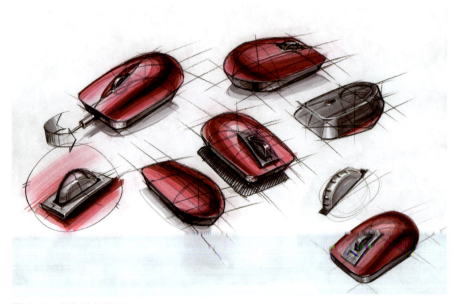

图 4-23　鼠标绘制效果

案例导入：鼠标的快速绘制

1.案例解析：鼠标空间形体分析

在设计时鼠标，通常会考虑手部的曲线，因此，造型会有一些有机的曲线和凹凸面。其实，只要掌握了基本的透视原理和绘画步骤，要想画好一只鼠标并不困难，而且还能举一反三地运用到其他产品上，如图 4-24—图 4-26 所示。

2.案例解析：鼠标的绘制步骤

①使用 0.5 mm 或者 0.6 mm 针管笔绘制墨稿，用笔要肯定，保持线条流畅，尽量不要反复涂改，错误的线条后期用马克笔可以遮盖，如图 4-27 所示。

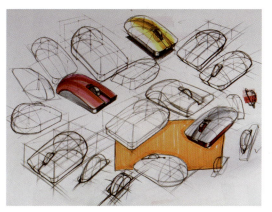

图 4-24　鼠标设计 1

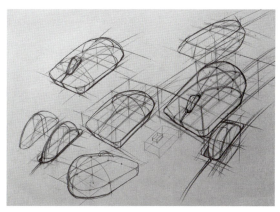

图 4-25　鼠标设计 2

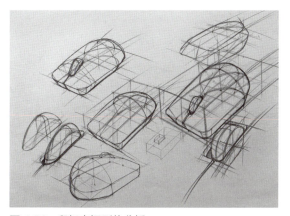

图 4-26　鼠标空间形体分析

码4-5

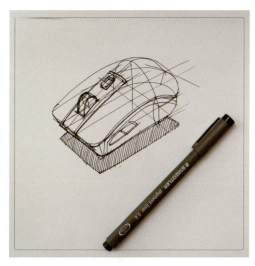

图 4-27　用针管笔绘制墨稿

　　②使用 Shinhan59 号马克笔绘制鼠标亮部，用笔要流畅，尽量不要在中间停顿或者从中间部位起笔，如图 4-28 所示。

　　③使用Shinhan54、56、59号马克笔绘制鼠标顶部过渡，用笔要流畅，尽量不要在中间停顿或者从中间部位起笔，如图4-29所示。

　　④使用COPICT5号马克笔绘制鼠标侧面灰部和暗部，可以有意留出高光部分，尽量不要在中间停顿或者从中间部位起笔，如图4-30所示。

　　⑤使用COPICT5、8号马克笔继续绘制鼠标侧面灰部和暗部，尽量过渡自然，使用Shinhan54号马克笔添加投影部分可以让阴影更通透，如图4-31所示。

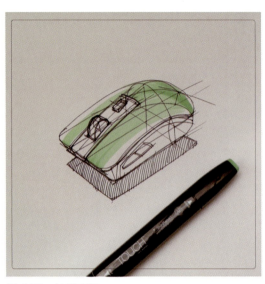

图4-28　绘制壳部

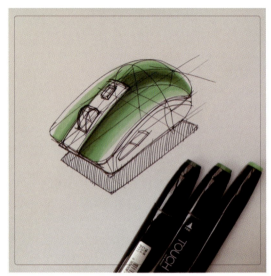

图4-29　绘制鼠标顶部过渡

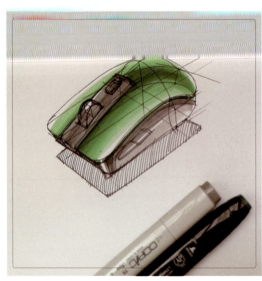

图4-30　绘制鼠标灰部和暗部

图4-31　增加投影光感

图 4-32　提亮高光部分　　　　　　　　　　　　　图 4-33　细节展示

⑥使用霹雳马白色彩铅和樱花高光笔，绘制高光部分，可以结合曲线板让线条更有力，如图 4-32 所示。

⑦局部细节效果，如图 4-33 所示。

3.案例导入：剃须刀的快速绘制

绘制剃须刀需要先绘制方案线稿，再对确定的方案线进行上色，如图 4-34、图 4-35 所示。

码4-6

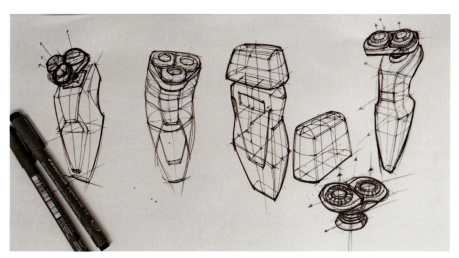

图 4-34　剃须刀的快速绘制

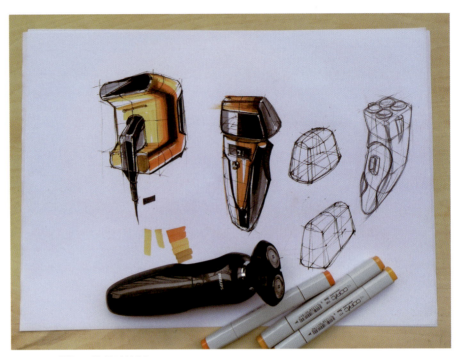

图 4-35　剃须刀的快速绘制

模块 5 | 色彩与材质的表现

5.1　产品手绘设计色彩基础

码5-1

5.1.1　色彩基础知识

色彩的产生有三种因素：一是光；二是物体对光的反射；三是人的视觉器官——眼睛。不同波长的可见光投射到物体上，有一部分光被吸收，一部分光被反射出来，进入人的眼睛，人眼通过视神经传递到大脑，形成对物体的色彩信息，这就是色彩感觉。光、物体、人眼三者之间的关系构成了色彩学的基本内容，也是色彩实践的理论基础。任何色彩都有色相、明度、纯度三个基本性质。当色彩间发生作用时，除了以上三种基本性质，各种色彩彼此间还会形成色调，并显现出自己的特性。因此，色相、明度、纯度、色调和色性这五种性质构成了色彩的要素。

色相：色彩的相貌，是区别色彩种类的名称。比如铁锈红、柠檬黄、淡紫、湖蓝、橄榄绿等。

明度：色彩的明暗程度，即色彩的深浅差别。明度差别既指同色的深浅变化，又指不同色相之间存在的明度差别。

纯度：色彩的纯净程度，又称彩度或饱和度。某一纯净色加上白或黑，可降低其纯度，或趋于柔和，或趋于沉重。

色调：画面由具有某种内在联系的各种色彩组成一个完整、统一的整体，形成画面色彩总的趋向，称为色调。

色性：指色彩给人产生的冷暖倾向。

5.1.2　12色色相环

图 5-1　12 色色相环

色相环中的三原色是红、黄、蓝色，彼此势均力敌，在环中形成一个等边三角形。这种色环的色相顺序与彩虹和自然光线分光后产生的色带顺序，完全相同。初学者应很熟练地辨认出十二色的任何一种色相，这是学习色彩搭配的基础，如图5-1、图5-2所示。

使用同类色对比，可以营造出和谐统一的色彩效果。邻近色搭配是由主色和邻近色的色系组成的搭配，可以在同一个色调中构建出丰富的视觉层次感和质感。使用互补色对比可以让画面更具张力，营造出视觉上的反差，吸引用户关注。互补色搭配释放出强烈的对比度，能区分产品关键信息、次要信息，又能增加视觉上的趣味性，使色彩看上去丰富多彩。

图 5-2　常见的色彩搭配

5.1.3　用色彩赋予产品性格

当产品在我们手上时，我们能直观地感受到它的造型、质感、色彩；当产品稍微远一点，我们能感受到是它的造型和色彩；而当放得比较远时，我们第一眼能感受到的几乎就只有色彩了。一幅优秀作品，用对颜色且色彩搭配好，可以提升品质感。色彩的搭配可以直接反映出产品的风格和产品属性。色彩有明显的影响人类情绪的作用，不同的色彩可以表现不同的人类情感。不同色彩赋予产品的不同性格。

红色：最引人注目的色彩，具有强烈的感染力，它是火和血的颜色，象征热情、喜庆、幸福，又象征警觉、危险。红色色感刺激、强烈，在色彩配合中常起着主色和重要的调和对比作用，色彩比较强势，因此，它可以更好地吸引人们的注意，通常用于产品工具类比较有厚重感的产品，有时也可用于那种需要抢人眼球的时尚电子电器类产品，如图 5-3 所示。

图 5-3　红色在产品中的运用

黄色：阳光的色彩，象征光明、希望、高贵、愉快。黄色通常与黑色或者灰色搭配，可以使产品醒目又抢眼球，但不宜单个产品全用黄色。黄色通常可用于时尚类、运动类与工具类产品，用黄色做背景色也会有不错的效果，如图5-4所示。

蓝色：天空的色彩，给人平静、严谨、值得信赖的感觉。属于比较中性一点的颜色，受众较广，几乎大部分产品都可以考虑用蓝色，医疗、科技产品用得比较多，如图5-5所示。

绿色：植物的色彩，象征着平静与安全。绿色能够给人以健康和自然的感觉。产品上使用浅绿色，可以给人一种生机感。绿色多用于一些家居类、厨房类产品。搭配浅色或者白色给人一种很清爽干净的感觉，如图5-6所示。

橙色：秋天收获的颜色，鲜艳的橙色比红色更为温暖、华美，是所有色彩中最温暖的色彩。橙色象征快乐、健康、勇敢，如图5-7所示。

紫色：唯美浪漫和高雅尊贵的象征，可以营造出一种奢华和神秘的氛围。主要被广泛运用在化妆品美容仪器类的女性产品中。

黑色：是暗色以及明度最低的非彩色，象征着力量，有时意味着不吉祥和罪恶。黑色能和许多色彩构成良好的对比调和关系，运用范围很广。

图5-4　黄色在产品中的应用

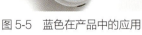
图5-5　蓝色在产品中的应用

图 5-6   绿色在产品中的运用

图 5-7   橙色在产品中的应用

医疗产品
黑白配色为主
冷白与深灰色主配
少量彩色点缀
颜色以冷色为主
体现洁净、专业的设备感
冷色调使人平静
但也可能产生恐惧
家庭级别医疗产品突出亲和感
多以暖色调彩色搭配
多以浅色或白色做背景

深灰黑   冷白

嫩绿   科技蓝

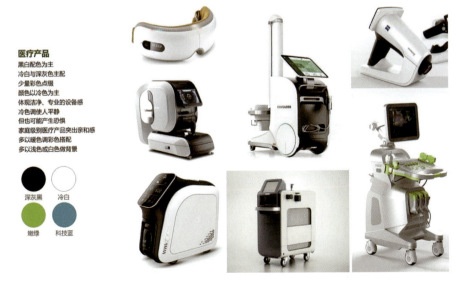

图 5-8   以白色为主的产品配色

白色：表示纯粹与洁白的颜色，象征纯洁、朴素、高雅等。作为非彩色的极色，白色与黑色一样，与所有的色彩都能构成明快的对比调和关系。白色与黑色相配能产生简洁明了、朴素有力的效果，给人一种重量感和稳定感，具有很好的视觉传达力，如图5-8所示。

5.1.4 色彩的冷暖

色彩的冷暖感：色彩本身并无冷暖的温度差别，是因为色彩引起人们对冷暖感觉的心理联想。

暖色：人们见到红、红橙、橙、黄橙、黄、棕等颜色后，会联想到太阳、火焰、热血等物像，产生温暖、热烈、豪放、危险等感觉。

冷色：人们见到绿、蓝、紫等色后，则会联想到天空、冰雪、海洋等物像，产生寒冷、开阔、理智、平静等感觉。

色彩的冷暖示例如图5-9所示。

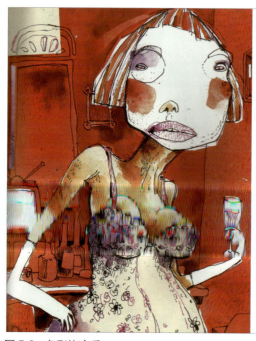

图5-9 色彩的冷暖

要想营造友好舒适的氛围，可以使用暖色；同样，要想营造冷静低沉的氛围，就可选择冷色。简单说来就是：冷色之间搭配会协调，暖色之间搭配会协调，在色环上相邻或相近的色彩搭配总是协调的。同一种色彩，不同明度和纯度的组合也是协调的。所以，我们在选择色粉时，要使用与马克笔同色相的色粉，比如，若使用红色马克笔，那就要选择红色色系的色粉，这样才能创造出真实的光感和空间感，如图5-10所示。

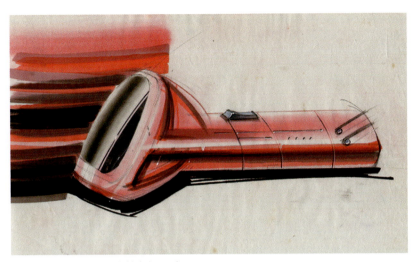

图 5-10 色粉要与马克笔色相一致

5.1.5 产品手绘色彩表达技巧

①通过不同的色彩暗示可以展示不同类型的产品，如，照相机、汽车等运用的色彩比较稳重，色彩语言相对单调一些；而流行性较强的产品，如手机、吸尘器一类的日常用品，色彩运用得较为丰富，用笔也相对活泼一些。

②色彩影响着用户的情绪和行为。设计中流传着"色不过三"的说法，即在一个产品中不要使用超过 3 种颜色搭配，可以有主色、辅助色、点缀色。

③强调色彩的明暗关系，注重立体感的塑造。

④注意留白，恰当的留白胜过大面积的平涂，强调明暗分界部分的色彩表现。

⑤落笔尽可能干脆，不拖泥带水。笔触应有适当的粗细变化、方向变化、长短变化。笔触运用的趣味性可以增强画面的感染力和艺术氛围。虽然色彩是控制画面效果的主要因素之一，但需要注意的是，效果图用色不同于绘画中的色彩表现，不需要考虑太多的色彩关系，不需要过多地表现色彩微妙的变化。

⑥关注你所设计产品的属性，如果是沉稳的属性，就不要用活泼的配色。如果你对色彩把握不准的时候，可以选用黑白加彩色，就不会出错。根据彩色的面积和色度，会形成不同的视觉效果的，或沉稳或活泼。另一种就是同类色对比。同一个色系的颜色使用不同的明度或纯度做对比，一般不会出错，特别是数码电子产品、婴幼儿产品、女性产品，可以使用此类配色。

码5-2

码5-3

5.1.6 色彩的收集

大自然拥有世界上最美丽的风景，蓝色的天空、红色的朝霞、金黄的麦穗，还有姹紫嫣红的花朵。提取色彩运用到设计中，完美的搭配呈现出来的和谐美感，就能瞬间打动人心。

5.2 常用材质的表现——玻璃、塑料

5.2.1 透明材质的表现

材料的质地有粗细、软硬、松紧之分，还有透光度不同之分。我们可以通过笔触的运用以及利用材料本身的色彩关系来表现它们的个性。除了表现物体的固有色，对物体透光和反光程度的描绘是表现材质最主要的方面，如图 5-11 所示。

图 5-11 透明材质

透明材质相对不是特别好画，因为能看到材质后的结构和投影，同时又具有折射和反射。所以，要画好透明材质，需要注意首先是要把看不到的一面也画出来，包括投影（投影要反映折射效果，要有适当的错位和缩小）。其次，对比要强烈，特别是边缘轮廓一般会画得比较重。然后，高光对透明材质尤其重要，在画透明材质高光时，不仅要留白，而且最好用高光笔去画出转折和折射的白色光晕才会让材质更真实。最后，透明部分的色调一定要比外面的部分淡，如图 5-12—图 5-14 所示。

图 5-12　玻璃材质

图 5-13　透明材质绘制 1

图 5-14　透明材质的绘制 2

5.2.2　塑料材质的表现

塑料材质分很多种，有哑光的也有强反光的，还有透明塑料等，反光强的塑料材质要与金属材质区分开，塑料的反射一般没金属那么强烈，而且有固有颜色，所以用马克笔上色的时候，尽量多用一支马克笔过渡，同时，亮部留白要自然。留白对画反光强的塑料材质很重要。相对来说，亚光的塑料会很好画，其反光很少甚至无，用马克笔涂满就行。最后，用白色笔提亮亮部，用黑色彩

码5-4

码5-5

铅笔加重暗部，这是需要注意的是，对比不要太强烈。

塑料的特点：因表面处理工艺不同，塑料表面有半反光和哑光两种效果。塑料表面给人的感觉较为温和，明暗反差没有金属那么强烈。

表达技巧：应注意塑料的黑白灰对比较柔和，反光较金属弱，但高光强烈。

塑料材质的表现如图 5-15 所示。

图 5-15 不同材质对比

5.3 常用材质的表现——木材、金属

5.3.1 木质材质的表现

码5-6

在产品设计中，运用较广的有金属、镜材、塑料、陶瓷等。这些大都属于反光而不透光的材料。

木质材质本身有纹路，有些经过处理的木质材质表面具有反射效果，不同木质材质的固有颜色也不同，如图 5-16 所示。

画木质材质的几个步骤：

①找出固有颜色的马克笔色号，一般三支为最好（以法卡勒为例，推荐167、163、166 号或者 247、180、169 号）。

②先用浅色马克笔把需要画的形态涂满，这一步比较关键（记得适当的笔触留白，这样质感会更好看）。

③用中间色加重暗面，让形态显得更立体。

图 5-16　木纹材质纹理

　　④用色彩较重的笔画纹路。画纹路时，可以在网络上查一些纹路的样式来画，也可以用彩铅来画。

　　⑤最后，用白色彩铅将边缘转折的地方提亮，提亮一些局部的高光点和高光线会让木质质感更强。

　　木质材质的表现如图 5-17、图 5-18 所示。

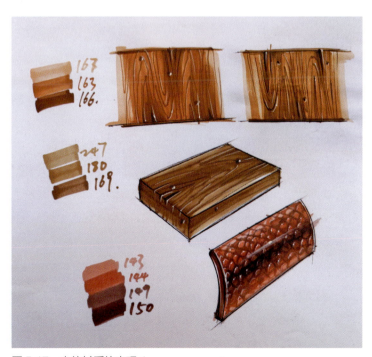

图 5-17　木纹材质的表现 1

码5-7

图 5-18　木纹材质的表现 2

5.3.2　金属材质的表现

　　金属材料的特点是反光强、对比度高，环境对它的影响非常大。金属材质本身强度高，质地细腻，光洁度高。不锈钢镀、铬金属属于强反光材料，易受环境色的影响，在不同的环境下呈现不同的明暗变化，表现起来有难度。

　　手绘表现的金属材质主要有两种，一种是反光效果较强的金属（如镀铬材质的金属），在手绘这种金属材质的时候黑白对比度要强，一般先会用灰色系的马克笔将对比度拉开，然后，画上一些环境及环境色会让金属质感更具实，最后，再画上很强的高光。另一种是反光效果较弱的金属（哑光材质），低反光的金属由于材质特点，在手绘表现时色彩对比度较小，但也必须注意色彩之间的过渡衔接。金属本身是一种相对体量重的材质，所以表达时要尽量厚重一些，如图 5-19、图 5-20 所示。

　　表达技巧：描绘时应注意强调其较大的明暗反差、较强的光影对比。同时应注意明暗过渡比较强烈，高光处可留白处理；还要注意加重暗部的处理，笔触应整齐平整。

图 5-19 金属材质的表现 1

图 5-20 金属材质的表现 2

模块 6 | 产品快题表达与版式设计

码6-1

6.1　快题设计知识点

6.1.1　快题设计到底在考什么

学科背景：1993 年，清华大学设立首批工业设计专业的硕士点，截至 2022 年，全国已有上百所院校设立工业设计专业的硕士培养点。工业设计相关研究方向的硕士学位涉及工学和艺术学两个学科门类，下设工业设计、工业设计及其理论、工业设计与工程、机械、设计学、设计艺术学、艺术、艺术设计等二级学位点。工业设计相关方向的硕士学位点高校建设方向主要有智能、信息交互、文化创意、服务与体验、装备设计制造、工程技术、设计战略、系统设计等。

工业设计相关研究方向考研考试科目有政治、英语、专业课一（专业基础/设计理论）、专业课二（设计创意/专业设计）。专业课二中设计创意类考试一般要求在规定的考试时间内（3 ~ 6 小时）根据给定的题目设计出方案，用手绘结合文字版面的方式进行表达，需要画出设计概念的展开过程、设计草图与最终方案效果图。这里考查的是考生平时的知识积累与手绘表达能力。

比如，某美院专业基础考题：以"时尚"为主题进行创作（考试提供 6 张 A3 纸，画 3 ~ 4 张即可，时间 3 小时）。主要看学生的应变能力、创造能力和综合能力。专业设计考题：以"改造共享单车"废物利用进行创作（考试提供 6 张 A3 纸，画 5 张左右，时间 6 小时）。某大学手绘快题考试是 4 小时画 A3 的纸，主要是看学生的专业能力，考查学生的方案可行性、文字分析、产品结构、手绘表现、CMF、草图发散等专业综合能力。

很多同学对快题的认识有误区，认为快题就是手绘，只要画得漂亮就能拿高分。但是，很多学校快题考试的学名称为"工业设计专业基础"或者"工业设计专业设计"，并没有称为手绘或是绘画，所以学校想考查的是考生整体专业素养，而不是手绘水平。因此，如何将你的专业素养体现在考卷上，这才是练习快题最核心的地方，也是首先要注意的。

小贴士

还有一点很重要，不要把它当成一个考试，而是要把它当成一个任务，解决一个问题、一个设计的项目。与项目的区别是考生要在很短的时间内完成，如图 6-1 所示。

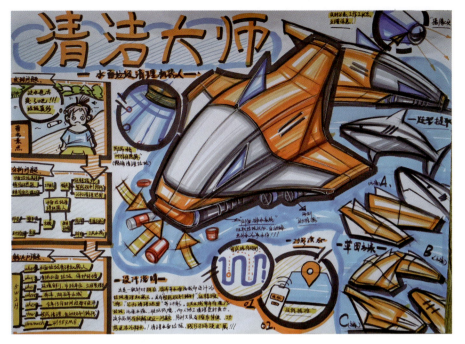

图 6-1　解决一个问题

我们在画快题的时候，从头至尾都应该明确一个目标，那就是要根据题目要求去解决一个问题，并且将解决问题的整个思维过程表现在试卷上，以说明文的方式准确地传达给阅卷的人。解决问题的一般逻辑是发现问题、分析问题、解决问题。我们所画的快题也是把这样一个过程表达清楚。在你有一定手绘能力的基础上，要逻辑合理地表达出你的思考过程，快题需要充分展示出画面的可阅读性。"能够看懂"在画面表达中是最重要的。在此基础上进行版面优化，体现出自己的平面设计能力，那就更好了。

6.1.2　考研快题设计手绘元素

图 6-2 是考研快题设计手绘案例。一幅优秀的快题设计包含 9 大元素：标题设计、解题思路、设计分析、产品草图方案、产品交互表现、效果图表现、快题配色与板式、三视图及设计说明。版块设计如图 6-3 所示。

①标题设计。标题分为主标题与副标题，主标题尺寸较大，用于叙述概念。副标题尺寸稍小，用于对主标题内容进行补充解释。标题命名很重要，首先，一定要取一个响亮、有辨识度、有特色的名字，才能让标题吸引眼球。作为画面一部分，再根据所设计的产品属性，选择合适的字体风格，保持整体版式的协调统一。

图 6-2　快题元素

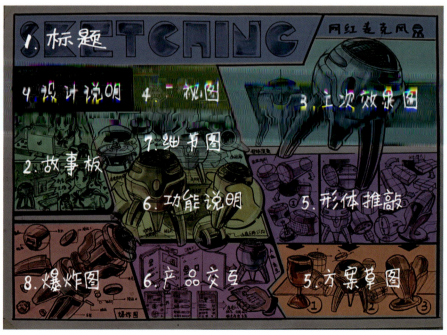

图 6-3　快题 9 大版块设计

标题设计不要占用太多的时间，考前准备几套字体，考试的时候要快速完成。标题的位置也很重要，根据视觉流程，一般会出现在画面的左上角或中间重要位置。对于不会写好看的 POP 字体、字还不好看的同学，一定把字写清楚、工整、大小间距等保持一致。最后，可以再加一些投影或暗部。平时建议多练习 POP 字体，如图 6-4 所示。

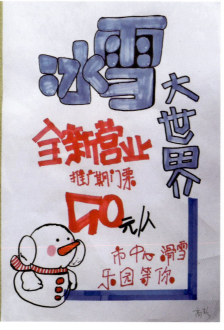

图 6-4　学生 POP 练习

②考题分析、故事版、场景图绘制。解题分析从用户痛点出发，慢慢推导出解决痛点的步骤，清晰地交代出这个产品是为了解决什么问题而设计的。故事版就是以漫画情景的形式，来表达"解决问题"的方式过程。

③主效果图。一定是最主要的，或信息全面的，或最打动观众的视角。展现产品的主要特征，需要效果突出，足够醒目但也不能忽视细节。辅效果图和主效果图构成一个主次分明的整体，辅效果图是用来对主效果图其他角度的画面补充，整体不能太过抢眼，应利用透视拉开与主效果图的距离，使画面更具空间感。

④产品三视图、产品多角度表现图。产品三视图可以有效避免因只有一个视图产生的观看误区，有助于更全面地理解产品的三维造型。注意三视图所标尺寸要符合实际，单位为毫米。

⑤产品多方案草图推敲、设计构思记录、产品形体分析、课题与设计分析、思维导图、用户旅程图等。考场上的草图方案是为了体现考生对形态造型的推敲，展示考生的思考过程，能看出考生的最终方案效果图是如何发展而来

的。这些图不要上过多的颜色，只要说明问题即可，如图6-5所示。

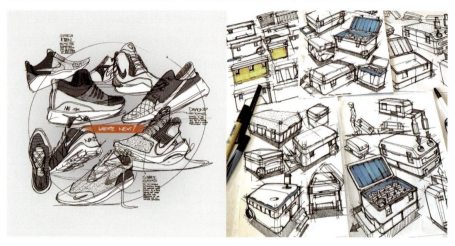

图6-5　方案草图

⑥功能说明、产品交互表现。通过指示箭头、使用场景等方式阐述产品功能，让产品使用方式、操作功能、界面交互可视化，帮助阅卷老师直观理解。

⑦细节图、局部放大图。细节图不仅能丰富产品外观造型，提升产品质感，也能强化产品功能外在表现。能够让阅卷老师清楚直观地看到产品的设计亮点，体会到产品的真实性和完整度，使画面更加细腻、丰富。

⑧产品爆炸图、结构说明图。产品结构爆炸图可以让阅卷老师直观地看到产品具体的结构，反映出产品各部件的位置，有重点地表现相应部件的产品特性，使画面更加丰富，设计更有说服力。

⑨版面排布与设计说明。设计说明的内容包括设计定位、设计理念、灵感来源、用户体验和对设计的诠释表达。设计说明要写得整齐、有条理、辨识性高，平时多进行一些POP字体练习，有助于提高快题设计的效率，如图6-6、图6-7所示。

图6-6　考研快题设计手绘元素1

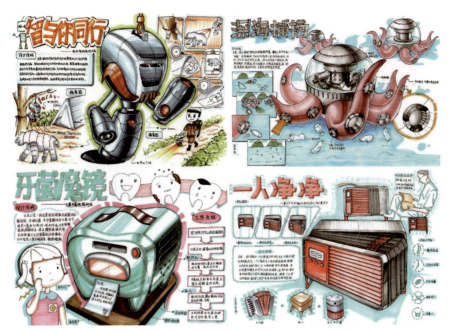

图 6-7　考研快题设计手绘元素 2

6.2　常用箭头的表达

码6-2

6.2.1　箭头在手绘中的表达

　　箭头在手绘中的表达属于快题细节表达。在考研快题的表达中往往需要箭头的配合。进行不同视觉方向的指引或者分解产品部件，都需要设计师用不同的箭头来传达。有时候场景及物体外观不同，绘制的箭头形态也不一样。因此，箭头的画法需要设计师专门练习，特别是工业设计考研快题设计的时候经常要箭头表达。

　　在绘制箭头的过程中，要注意箭头的走向应该与物体的透视一致。在用马克笔上色时，也需要根据箭头的走向来排线，正确地表达光影。好的箭头的表现不仅有助于设计的表达，还可以丰富画面，起到画龙点睛的作用。

　　箭头绘制需要注意以下要点：

　　■在绘制箭头的过程中，要注意箭头的走向应该与物体的运动方向一致，与物体的透视一致，如图 6-8、图 6-9 所示。

　　■在用马克笔上色时，也需要根据箭头的走向来排线以进行正确的光影表达，如图 6-10 所示。

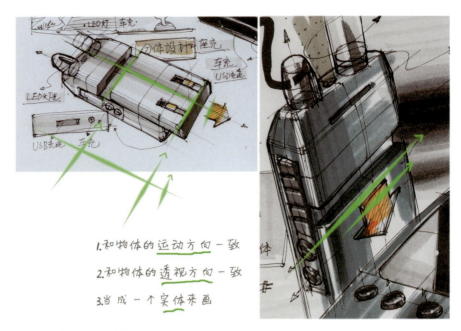

1. 和物体的 <u>运动方向</u> 一致

2. 和物体的 <u>透视方向</u> 一致

3. 当成一个 <u>实体</u> 来画

图 6-8　箭头方向的绘制

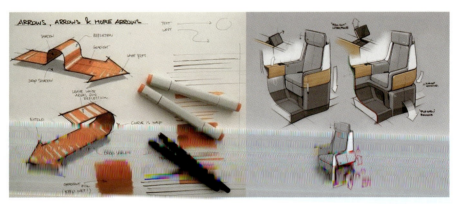

图 6-9　箭头的绘制

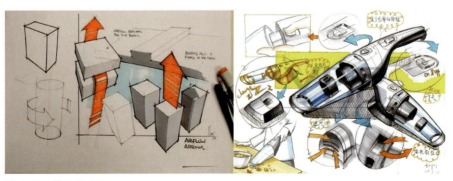

图 6-10　箭头的表达

■好的箭头表现不仅有助于设计的表达，同时也可以丰富画面，起到画龙点睛的作用，如图 6-11 所示。

图 6-11　用箭头丰富画面

6.2.2　箭头的绘制

在表达产品手绘的时候，需要不同视觉方向的符号指引或者分解产品组件，这些都需要设计师用不同的箭头图像来传达，根据场景及物体外观的不同绘制箭头的形态也不一样。因此，箭头的画法需要设计师专门练习，如图 6-12 所示。

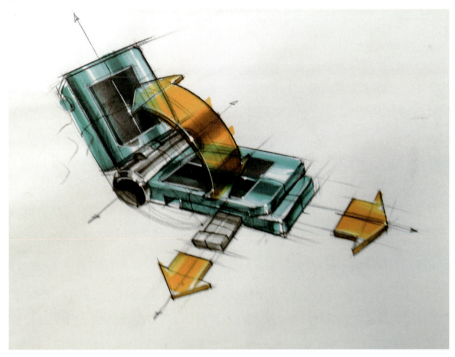

图 6-12　箭头的绘制

码6-3

6.3 添加说明和细节

6.3.1 产品结构图、产品爆炸图

产品爆炸图关注于产品内部结构的表达。特别是在快题考试中，考生不用像工程师一样仔细思考，但是，产品基本的结构构造关系还是要表达出来，特别是对于外观简约、功能简单的产品，更需要说明一下内部结构。产品内部结构图常见的形式有以下几种：爆炸图、剖面图以及结构原理图。产品爆炸图注重内部结构与产品造型吻合及部件壳体的装配方式，如图 6-13 所示。

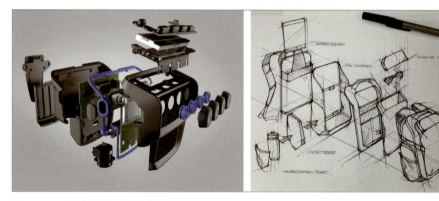

图 6-13 产品爆炸图（组图）

三视图也可以简单说明一下产品结构，不过，只是简单说明外壳之间的结构关系。三视图是观测者从上面、左面、正面三个不同角度观察同一个空间几何体而画出的图形，能完整清晰地表达出形体的形状和结构。三视图就是主视图（正视图）、俯视图、左视图（侧视图）的总称。（注意：主视图和俯视图的长要相等，主视图和左视图的高要相等，左视图和俯视图的宽要相等。）

三视图要尽量用尺规作图，除非是自由有机形态，才可以徒手画，而且还要有数据标注，尤其是单位、比例的标注。要注意三视图由于需要尺规作图，所以比较耗费时间，所以一定要给绘制三视图留下充足的时间。

6.3.2 产品 CMF 配色方案

最后，我们还可以在快题中表达一下产品的 CMF（color, material & finishing）。CMF 是对产品设计的颜色、材料和工艺的基本认识。CMF 设计是连接设计对象和用户并的深层感知表达。它主要应用于产品设计中颜色、材质、加工等设计对象的细节处理，如图 6-14、图 6-15 所示。

图 6-14　产品 CMF 方案

图 6-15　产品 CMF

　　快题中也要表现我们对产品 CMF 的思考。产品的配色和材质要根据不同的人群和产品使用环境来考虑。比如，儿童产品就会用比较鲜亮的颜色、圆润的造型和柔软的材质，而手持工具类就比较多地用到金属材质，老年人的产品常用的是比较沉稳的颜色。

6.3.3　添加细节

　　在方案上添加一些细节，会使整体表现更加丰富，使产品看上去更加真实。进行不同的细节设计，可以帮助设计师研究产品的比例和结构的关系。画面中的很多细节是产品局部放大图，或者是对某一个结构的描绘，也可能是类似动画的一个动作表现等，这些都可以丰富整个画面，让手绘表达得更生动，如图 6-16 所示。

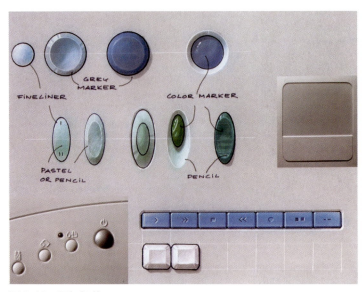

图 6-16 添加细节

6.3.4 设计说明

设计说明是以文字的形式对产品进行叙述。快题中的设计说明字符一般在200字左右，不宜过长。内容主要针对产品设计理念、产品功能、使用流程、设计创新点、造型等进行叙述，着重写设计的亮点。设计说明可以放在后面写，根据画面空间找合适的地方写，当然也可以与设计分析写在一起，如图 6-17 所示。

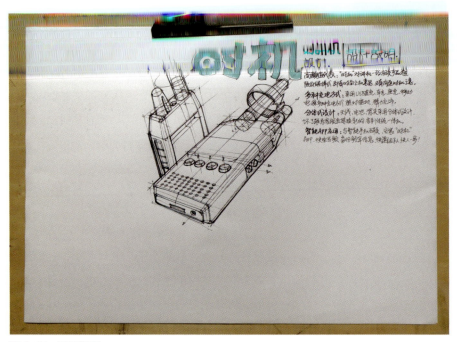

图 6-17 设计说明

设计作品都是靠图说话，设计说明不需要大段的文字。把设计说明中最重要的创新点提取简化出来用作小标题，起到强化和提示作用，也能让评委老师能更快地抓住主题，如图 6-18 所示。

图 6-18　添加创新点

6.4　手绘设计图版面处理技巧

码6-4

6.4.1　快题版面规划

主效果图的位置一般选择在画面的中间偏左或者偏右，这样的视觉效果会好一些。非要放在画面中间也不是不可以，只是这样版面上其他内容可能会不太好安排。总之，在排版的时候就要确定好主效果图的位置，然后以主效果图为中心，分别再安排其他版块的位置，如图 6-19 所示。

6.4.2　主效果图的大小与位置

同人像摄影一样，产品也有好看的角度，通常我们选择 45°角作为产品的展示角度，这里所讲的角度不一定那么精确，45°左右即可。一般我们都是

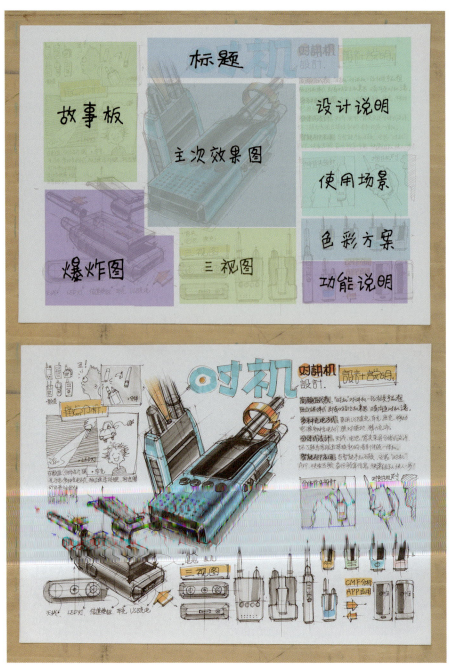

图 6-19　快题版面规划

选择两点透视的俯视，通过这个角度可以看到产品的三个面，产品的外观和结构特征这些信息也可以呈现得更完整。平视适合表现一些有丰富平面细节的产品，比如，鞋子、手持工具等。仰视适合表现一些高大雄伟的产品，如列车、飞机、建筑等。

　　产品主效果图的位置要放在最显眼、最突出的地方。同时，还要考虑视觉流程问题。

　　通常情况下，主效果图是画面中需重点绘制的角度。效果图的表现要结构清晰，色彩丰富，能看清部件的细节，所以主效果图要比其他元素大一些，占整个版面 1/4 左右。同时，让整个版面有大小对比，看起来主次分明，让画面更有节奏感，如图 6-20、图 6-21 所示。

图 6-20　效果图的位置选择 1

图 6-21　效果图的位置选择 2

6.4.3　主效果图色彩搭配

现在流行的极简时尚风格产品都是以黑、白、灰为主的配色，这会给人低调、现代的感觉。但是，在快题表现中，单纯黑、白、灰的产品视觉效果太弱，所以我们一般要搭配彩色来增强视觉效果。但同时要注意，颜色多了会显得俗气，所以一定要注意彩色的用量。

在整体版式中，主色占用面积比较大，在此基础上有辅助色和点缀色。点缀色面积最小，起到活跃整个画面的作用，分析部分可以适当地添加一些主效果图同色系的彩色来丰富画面，类似色彩搭配如图6-22—图6-24所示。

图6-22　类似色彩搭配1

图6-23　类似色彩搭配2

图 6-24 类似色彩搭配 3

6.4.4 效果图细节刻画

效果图一定要刻画得细致才能够在整张快题画面中跳脱出来，强化细节刻画就是最好的方式。产品的细节要在效果图上刻画清楚，配合马克笔上色，把产品的材质质感、纹理、光影表达出来，刻画出真实的三维效果，才能与画面中别的内容拉开关系，使画面有层次感。

在考试时，画面空间足够的情况下开关、按钮一定要刻画仔细、完整，也不要每个放大刻画的细节都是开关。与此相比，阅卷老师更希望看到产品使用方式、使用流程等的表达。常见的细节表达有操控按钮、接缝线、结构线、散热孔、发音孔、Logo 等。细节无非是根据光影导致的颜色的深浅变化加上配以高光表现，如图 6-25、6-26 所示。

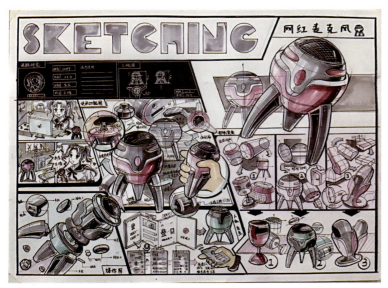

图 6-25 效果图细节刻画 1

图 6-26　效果图细节刻画 2

码6-5

码6-6

任务四　对讲机创新设计

创新精神是指能够综合运用已有的知识、信息、技能和方法，提出新方法、新观点的思维能力和进行发明创造、革新的意志、信心、勇气和智慧。创新精神就是要勇于实践。图 6-27 中的对讲机创新设计任务是一个企业实战项目，目的是通过在创意来源、痛点分析、解题过程、造型推敲等方面的训练，提高学生的综合设计能力，提升针对企业项目的解决能力。

案例导入：对讲机快题设计

1.案例解析：创新设计说明和版面

图 6-27、图 6-28 是对讲机快题设计说明的版面，该版面从以下几个方面进行了说明：

（1）高颜值代表

"时机"对讲机一改相关产品粗陋低端样式，既有"时尚之机"意思，也有"沟通时机"之意。

（2）多种充电方式

采用 USB 直充、车充、座充、移动电源等多种充电方式。随时随地，让爱机精力充沛。

（3）分体式设计

天线、电池、背夹采用分体式设计，告别传统一体机。

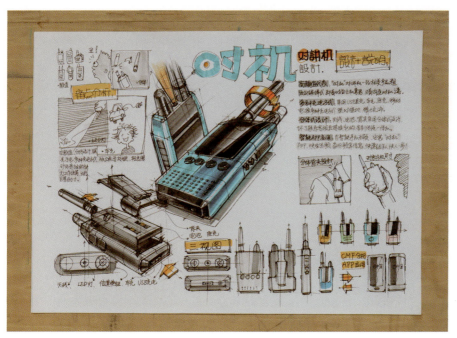

图 6-27　对讲机设计最终效果 1

图 6-28　对讲机设计最终效果 2

（4）智能 App 便捷应用

与智能手机互联，安装"时机"App，实时备份信息。

（5）具有强光手电功能、独立通话按键、轻度磨砂防滑等特点

图 6-29 中是一款时尚便捷高性能的通信工具，可满足酒店、交通、物业、商超等场合的使用需求，为工作统筹、出行自驾助力。

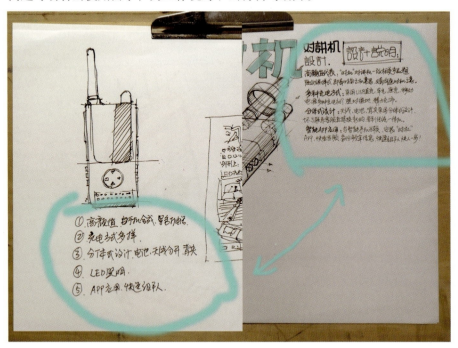

图 6-29　设计说明推敲过程

设计说明不需要大段的文字描述，所谓宁用一图不用十文，能用图说清的问题，尽量不用文字描述，文字描述在快题表现中起补充图意的辅助作用，如图 6-30 所示。

图 6-30　添加创新点

2.案例解析：产品CMF分析与配色方案（图6-31）

图中的命名——"时机"是指适当的时刻或机会，重要的时刻一定要抓住，特指通话质量、对讲机的品质好等，而且又有时尚之机的意思。

痛点分析：首先是从手机设计上获得灵感，一改相关产品粗陋低端的样式，在颜值上下功夫。第二个点是分体式设计，天线、背夹采用这种分体式设计，产品坏了直接联系客服更换，告别传统一体机。第三是前端加LED灯，在野外可以临时充当照明作用。第四是多种充电方式，采用USB直充、车充、座充等方式。特别是车充具有很强的实用性。最后是与智能手机互联，让对讲机更智能、更便捷。

图6-31　痛点分析

图 6-32 是分体式设计、爆炸图。通过箭头表示每个分体式设计的元件，这里有点类似产品的爆炸图。

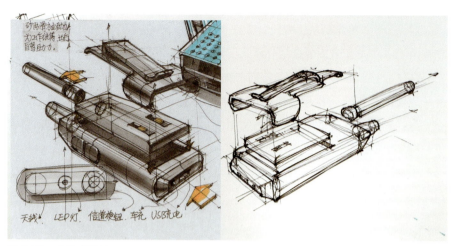

图 6-32　分体式设计

图 6-33 是三视图、CMF 分析。三视图要尽量保证尺寸比例，可以有一些简单的明暗，图中的不足之处是这里的 CMF 分析主要是色彩方案，并没有谈到材质的应用。

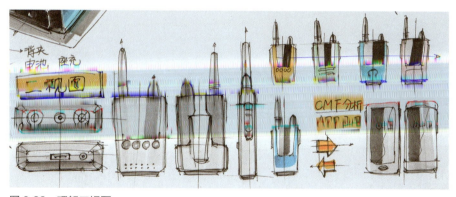

图 6-33　理解三视图

3.案例解析：产品造型推敲与细节

图 6-34 至图 6-36 是产品造型推敲过程，从中我们能感受到设计师的设计思路。

图 6-34　对讲机造型推敲 1

图 6-35　对讲机造型推敲 2

图 6-36　对讲机效果图表现

模块 7 | 汽车造型设计师手把手教你玩转手绘屏

码7-1

7.1　计算机手绘表现 1：玩转手绘屏

在开始进行绘图之前，先对汽车设计中使用比较广泛的电脑绘图工具以及绘图软件进行基础的介绍。

在汽车设计行业中，使用比较多的数位绘图设备是 Wacom 品牌的产品。该品牌旗下针对专业用户的数位绘图产品主要是：Cintiq 新帝系列（手绘屏）和 Intuos 系列（手绘板），这两个系列的绘图产品都具有较好的压力感应能力，可以最大限度地模拟出笔在纸上绘图的感受。

手绘屏或手绘板主要的优势在于，使用与其配套的专用压感笔进行绘图，并没有改变设计师的绘图习惯。另外，它们还有更好的绘图软件兼容性，可以大大提升设计师的绘图效率，也方便设计师后期对图纸的修改。

说到对手绘屏和手绘板支持较好的绘图软件，那必定是 Sketchbook 和 Photoshop 这两大软件。前者更适合草图线稿的快速表达，而后者对于精细效果图绘制的便利度和呈现效果则更具优势。

那么，接下来使用 Wacom 的数位绘图设备，在 Sketchbook 和 Photoshop 软件中，分别为大家演示如何搭配使用数位绘图设备与绘图软件精准高效地完成效果图绘制。

首先，将 Wacom 数位板与电脑连接、安装好相应的设备驱动后，进入"Wacom 数位板属性"进行数位板设置，如图 7-1、图 7-2 所示。

按照个人绘图习惯，完成数位板基础设置后，进入 Sketchbook 软件，开始进行草图绘制，如图 7-3 所示。

图 7-1　Wacom 设置

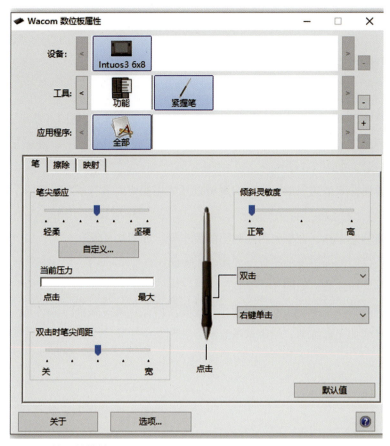

图 7-2　笔 & 快捷键设置

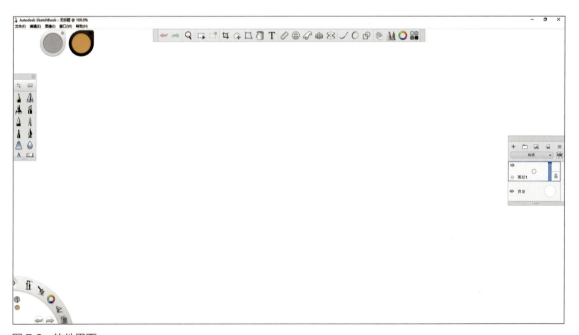

图 7-3　软件界面

码7-2

7.2　计算机手绘表现2：汽车绘制（上）

我们先使用Sketchbook软件中的透视工具绘制一个立方体，如图7-4所示。

接着，调整立方体所在图层的透明度至10，随后新建一个图层，将立方体重新描画一遍，如图7-5所示。

基础的透视框架搭建完成后，我们就可以开始在框架内进行草图线稿的绘制了。

使用预测笔迹工具，在框架内绘制出前后车轮，如图7-6所示。

接下来，我们画出车身的轮廓，如图7-7所示。

然后，再增加细节，如图7-8所示。

最后，就是调整草图图层的透明度，新建图层后，在第一版草图基础上，整理线条并且增加光影细节，结束草图绘制，如图7-9所示。

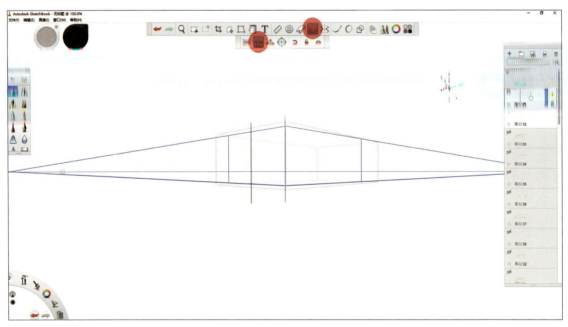

图7-4　立方体1

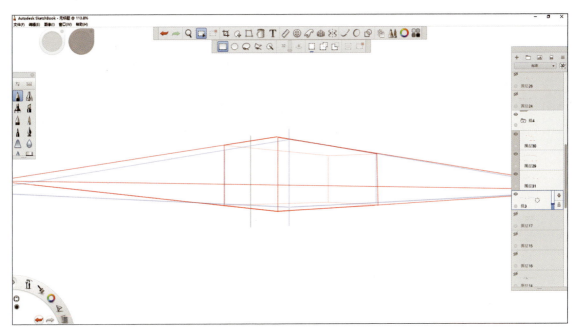

图 7-5 立方体 2

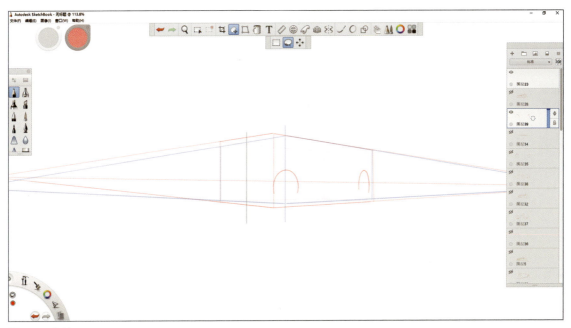

图 7-6 车轮

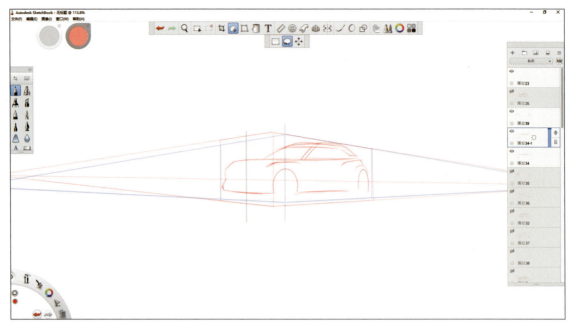

图 7-7　车身 1

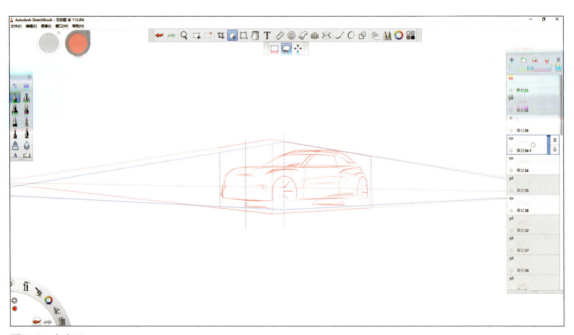

图 7-8　车身 2

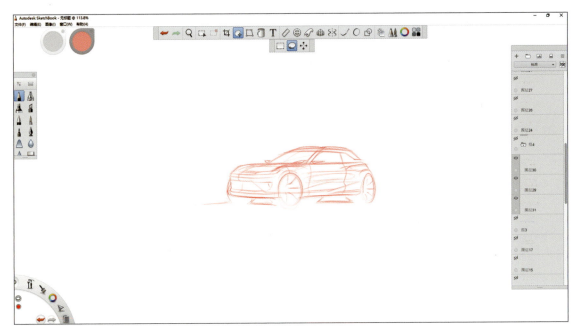

图 7-9　车身 3

7.3　计算机手绘表现 2：汽车绘制（下）

第一步：将线稿导入至 Photoshop，如图 7-10 所示。

第二步：使用钢笔工具，将草图中的线条构成路径，如图 7-11 所示。

第三步：使用填充工具，将玻璃填充为黑色，如图 7-12 所示。

第四步：选择座椅路径，并建立选区，使用画笔工具画出座椅造型，如图 7-13 所示。

第五步：细化玻璃造型，并加入光影，如图 7-14 所示。

第六步：使用画笔工具，将车身底色铺好，如图 7-15 所示。

第七步：画出车底的阴影，如图 7-16 所示。

第八步：使用画笔工具，画出车身受光面及主要特征，如图 7-17 所示。

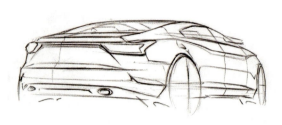

图 7-10　第一步效果图

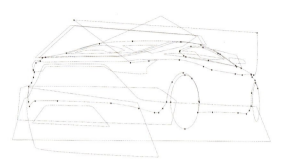

图 7-11　第二步效果图

图 7-12　第三步效果图

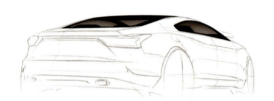

图 7-13　第四步效果图

图 7-14　第五步效果图

图 7-15　第六步效果图

图 7-16　第七步效果图

图 7-17　第八步效果图

第九步：继续深入刻画车身侧面的光影，如图 7-18 所示。

第十步：使用画笔工具，分出车尾的层次及基础光影，如图 7-19 所示。

第十一步：继续刻画车尾细节，如图 7-20 所示。

第十二步：画出排气管、后唇装饰的形态，如图 7-21 所示。

第十三步：对尾灯进行颜色的区分，如图 7-22 所示。

第十四步：细化尾灯内部造型，如图 7-23 所示。

第十五步：增加尾灯灯罩的光影，如图 7-24 所示。

第十六步：强化车身侧面造型绘制，如图 7-25 所示。

第十七步：增加轮毂贴图，完成效果图绘制，如图 7-26 所示。

图 7-18　第九步效果图

图 7-19　第十步效果图

图 7-20　第十一步效果图

图 7-21　第十二步效果图

图 7-22　第十三步效果图

图 7-23　第十四步效果图

图 7-24　第十五步效果图

图 7-25　第十六步效果图

图 7-26　第十七步效果图

码 7-3

码 7-4

参考文献
REFERENCES

［1］库斯·艾森，罗丝琳·斯特尔.产品设计手绘技法［M］.陈苏宁，译.北京：中国青年出版社，2009.

［2］单军军，石上源.产品设计手绘表现［M］.沈阳：辽宁科学技术出版社，2018.

［3］马赛.工业产品手绘与设计思维实战训练［M］.北京：人民邮电出版社，2023.